발명과 발견의 과학사

발명과 발견의 과학사

초판 1쇄 2024년 9월 30일
지은이 최성우
편집기획 북지육림 | **디자인** 페이지엔 | **종이** 다올페이퍼 | **제작** 명지북프린팅
펴낸곳 지노 | **펴낸이** 도진호, 조소진 | **출판신고** 2018년 4월 4일
주소 경기도 고양시 일산서구 강선로 49, 916호
전화 070-4156-7770 | **팩스** 031-629-6577 | **이메일** jinopress@gmail.com

ⓒ 최성우, 2024
ISBN 979-11-93878-11-8 (03400)

이 책의 내용을 쓰고자 할 때는 저작권자와 출판사의 서면 허락을 받아야 합니다.

• 잘못된 책은 구입한 곳에서 바꾸어드립니다.
• 책값은 뒤표지에 있습니다.

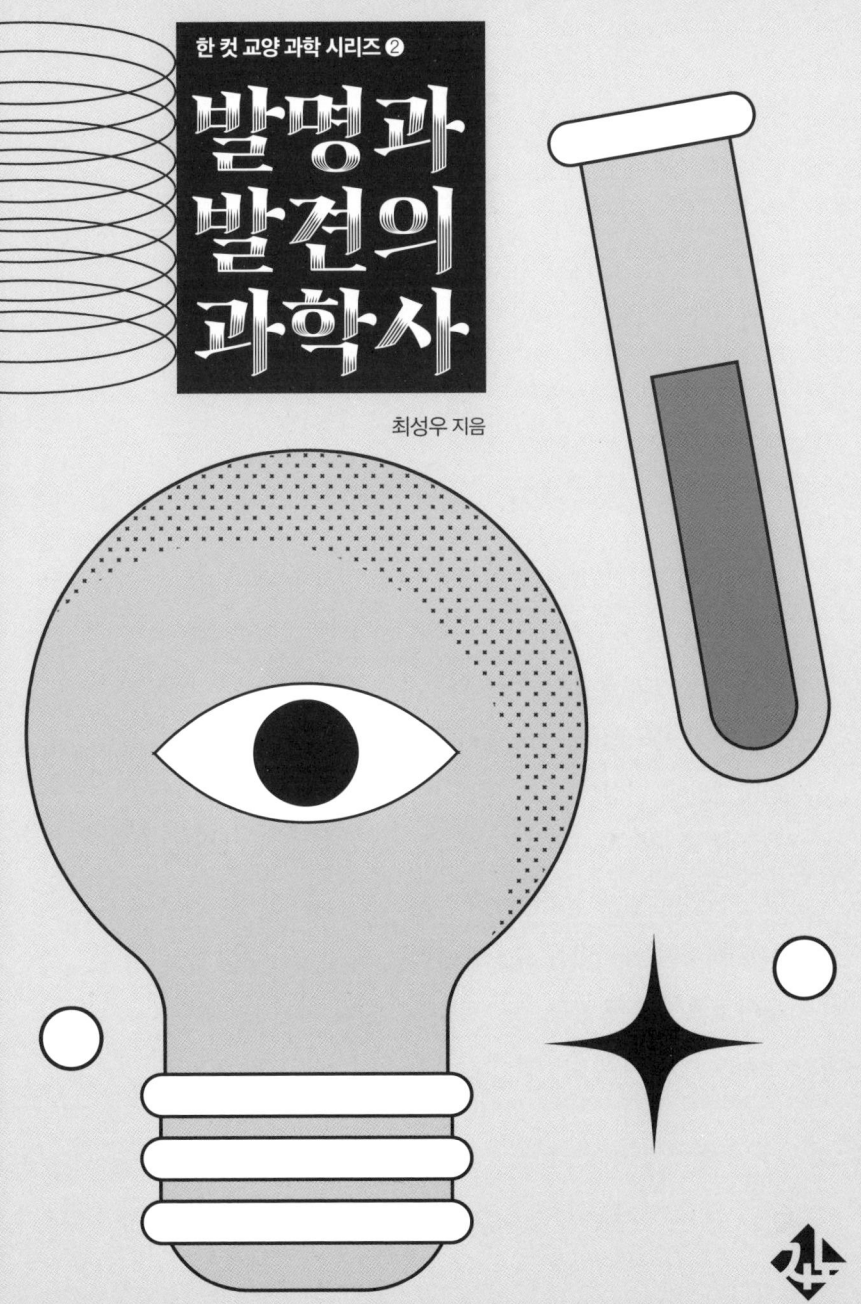

서문

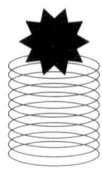

벌써 30여 년 전인 젊은 시절에 나는 대기업 연구소에서 광학 기술 분야의 연구개발 업무에 종사하고 있었다. 무척 바쁜 와중에도 틈틈이 회사 연구소의 전자게시판에 과학기술사 관련 글을 하나씩 올리곤 하였다. 나와 마찬가지로 연구개발에 여념이 없을 동료 연구원들에게 조금이나마 도움이 되고자 시작한 것인데, 뜻밖에도 큰 관심과 찬사를 받게 되었다. 밤샘 실험이나 출장 등으로 글을 못 쓰는 기간이 길어지면, 재미있는 글을 요즘에는 왜 안 올리냐고 동료들이 물으면서 새 글을 어서 써달라고 강요(?)할 정도였다.

　내가 애초 과학기술 관련 글쓰기를 시작한 것은, 이처럼 함께 일하는 과학기술인들을 위한 것이었다. 현업 연구개발에 영감이나 힌트를 제공할 만한 것들, 오늘날에도 중요한 교훈으로 삼을 만한 것들, 과학기술의 미래를 밝히는 데 참고가 될 만한 것들이 모두 과학기술의 과거 역사에 숨어 있다고 생각한다. 이들을 잘 캐내고 다듬어서 현대적 의미로 재해석한다면, 오늘날의 과학기술 발전에도 적지 않은 도움을 줄 것이라 확신한다.

이 책은 바로 이러한 관점에서 기획하고 쓴 것이다. 발견과 발명의 역사 뒤안길에 있는 여러 흥미로운 것들을 단순히 답습하는 데에 그치지 않고, 보다 가치 있고 소중한 요소로 삼을 수 있다면 앞으로의 발견과 발명에도 분명 길잡이가 되어줄 것이다.

1부 '우연과 행운, 위기일발과 집념'에서는 이른바 세렌디피티(Serendipity)라 불리는 우연과 행운에 의한 발견, 발명을 비롯해 놀라운 끈기나 위험을 감수하는 용기가 바탕이 된 경우를 살펴보았다. 세렌디피티는 그저 뜻밖의 사건이나 흥미로운 가십거리에 그치는 것이 결코 아니다. 저명한 과학사회학자 로버트 머튼(Robert K. Merton)은 이를 과학적 방법론의 하나로 이미 발전시킨 바 있다.

세렌디피티의 여러 유형을 비롯해 비교적 다양한 사례를 다루었는데, 독자들에게 이미 익숙한 이야기들도 있겠지만 기존의 상식과는 좀 다르거나 생소한 부분도 있으리라 생각한다. 또한 어느 것이든 오늘날의 관점에서 재조명하면서 면밀히 톺아볼 가치가 충분하다고 본다.

2부 '위대함과 천재성의 비결'에서는 역사상 저명한 과학자들이 이룬 놀라운 업적의 배경 및 그들의 공통된 요소를 살펴보았다. 천재적인 과학자 중에는 능력을 타고나는 경우도 물론 있겠지만, 그렇다고 위대한 업적이 모두 갑자기 하늘에서 뚝 떨어지듯 나온 것은 아니다. 그 비결을 나름의 새로운 시각에서 조명해보고자 한다.

이른바 STEAM 교육 등 오늘날의 과학교육은 융합적 사고를 매우 중시한다. 그런데 융복합 연구의 중요성 또한 현대에 와서 갑자기 튀어나온 것이 아니다. 과거 역사에서도 사표(師表)와 모범으로 삼을 만한 인물과 사례들이 이미 있다는 사실을 알 수 있다. 따라서 이들을 잘 고찰해 교훈을 얻는다면, 창의적 과학기술 인재 육성에도 도움이 되리라 생각한다.

3부 '과학기술의 온고지신'에서는 우리나라를 포함한 동서양의 고대 및 전통 과학기술을 살펴보는 한편, 주요 이슈가 될 만한 것들을 다양하게 성찰해보았다. "옛것을 익히고 새것을 알면 스승이 될 수 있다(溫故而知新 可以爲師矣)"는 공자의 말처럼, 과거 역사에 묻혀 제대로 보이지 않던 것들을 잘 끄집어내어 손질해보면, 역시 오늘날 과학기술에서도 중요한 관건이 될 만한 여러 교훈을 얻을 수 있다.

글의 서두에서 내 글쓰기의 시작은 과학기술인들을 위한 것이라고 했지만, 이 책을 이공계 전공자나 과학기술인들만 볼 수 있는 것은 전혀 아니다. 도리어 과학이나 수학 과목을 어렵고 두렵게 여기는 학생이나 과학기술은 여전히 생소한 분이라도 이 책을 통하여 비교적 흥미 있고 친숙하게 과학기술을 접할 수 있으리라 생각한다.

또한 대학이나 대학원에서 공부하는 이공계 학생이나 연구개발에 여념이 없는 과학기술인들이라면, 현업에 도움이 되는 동시에 자신의 세부 전공 분야에만 매몰되지 않고 과학기술 전반 및 관련 이슈를 보다 폭넓게 보는 시야와 안목을 갖추는 데에 보탬이 되리라 조심스럽게 기대해본다.

나의 지나친 욕심일지도 모르겠지만 이공계가 아닌 대

중과 과학기술인이 다 함께 볼 수 있는 책을 항상 지향해왔다. 이번 책 역시 인문사회과학을 전공했거나 경영, 행정, 법률 등 다른 분야에 종사하는 분들이 교양을 쌓는 데 도움이 되면 좋겠다.

이번 책을 내는 동안에도 선후배와 친구, 각계의 지인 등 많은 분의 직간접적 도움과 관심을 받아왔다. 감사의 인사와 함께 일일이 다 거명하지 못해 죄송스럽다는 양해를 구하고자 한다. '한 컷 교양 과학 시리즈'로는 두 번째인 이 책과 시리즈를 기획하고 편집, 출판 과정에서 노고를 아끼지 않으신 도진호 대표님을 비롯한 출판사 관계자분들께도 감사드린다.

여러모로 부족한 나와 함께하면서 한결같이 인내하고 격려해준 아내와 아들에게도 다시 한번 고맙다는 말을 전한다.

2024년 9월

최성우

차례

서문   **4**

(1부) 우연과 행운, 위기일발과 집념

푸른곰팡이에서 나온 페니실린	**12**
쓰레기에서 핀 장미 – 인공염료	**18**
자연에서 배운다 – 생체모방 기술의 선구자들	**24**
용도 발명의 대표 - DDT	**30**
우연과 실수가 가져다 준 발명 발견들	**36**
전리층의 존재라는 특별한 행운	**44**
러더퍼드는 어떻게 고전역학만으로 원자핵의 구조를 알아냈을까?	**50**
시체 도둑이 된 해부학자 베살리우스	**56**
605전 606기의 화학자 에를리히	**64**
맥주통 타진법과 청진기	**72**
고통을 없애는 약 마취제의 역사	**80**
스포츠과학의 선구자, 공기타이어	**86**

(2부) 위대함과 천재성의 비결

기적의 해 – 뉴턴의 1666년, 아인슈타인의 1905년	**94**
과학자의 예언과 점쟁이의 차이는?	**102**
마이클 패러데이는 실험에만 뛰어났을까?	**108**
팔방미인의 물리학자 리처드 파인만	**114**
세기의 라이벌, 테슬라와 에디슨 – 인연과 악연	**122**
아마추어 과학자들의 위대한 업적	**128**
멘델과 베게너의 놀라운 공통점	**134**
핵분열 원리와 DNA 구조 발견이 오늘날에 주는 교훈은?	**142**
이론이 먼저? 실험이 먼저?	**150**
중력파 발견은 왜 근래 최고의 물리학 업적일까?	**156**

(3부) 과학기술의 온고지신

측우기가 중국의 발명품이라고?	**164**
거북선은 철갑선인가?	**172**
묵자와 고대 중국의 과학기술	**178**
안티키테라의 기계와 로스트 테크놀로지	**184**
페르마의 마지막 정리와 골드바흐의 추측	**192**
리만 가설이 증명되면 암호체계가 무너질까?	**200**
노벨 과학상 수상 비결은 장수?	**208**
호킹이 노벨상을 끝내 못 받은 이유는?	**214**
카피레프트의 선구자 뢴트겐	**222**
프리먼 다이슨, 조지 가모프, 스티븐 호킹의 공통점은?	**232**
시장에서 실패한 IT기술들	**238**
초음속 여객기 콩코드는 왜 박물관 신세가 되었을까?	**244**

참고 문헌   **251**

(1부)

우연과 행운, 위기일발과 집념

푸른곰팡이로부터 페니실린을 발견한 플레밍
ⓒ Navy Medicine

푸른곰팡이에서 나온 페니실린

과학기술 발전의 역사를 보면 기존 상식이나 고정관념을 깬 뛰어난 발명, 발견이 이루어지는 경우가 적지 않다. 잘 알려진 예로 플레밍(Alexander Fleming, 1881-1955)이 푸른곰팡이에서 페니실린을 추출해낸 것을 들 수 있다. 물질을 부패시키는 푸른곰팡이에서 인간의 병을 고치는 귀중한 치료약이 나오리라 예상하기는 어려웠을 것이다.

또한 페니실린은 우연과 행운이 가져다준 뜻밖의 발명, 이른바 세렌디피티(Serendipity)의 대표적 사례로 자주 언급된다. 이 용어는 18세기 영국의 작가 호러스 월폴(Horace Walpole, 1717-1797)이 집필한 『세렌딥의 세 왕자(The Three Princes of Serendip)』라는 우화로부터 만들어진 것이다. 그러나 페니실린의 발명과 상용화에는 단순한 우연만이 아니라, 함께 살펴보고 생각해볼 점들도 적지 않다.

인간의 평균 수명은 수백 년 전에만 해도 30세를 넘기지 못하였다. 30세 직전에 죽는 사람들이 가장 많아서가 아니다. 각종 질병에 따른 유아사망률이 너무 높아서 신생아 중 약 30퍼센트가 첫돌을 맞이하지 못했고, 반 정도는 열 살을 넘기기 어려웠다.

이후 인간 질병의 원인 대부분이 바이러스와 세균 때문이라는 사실이 19세기 이후 파스퇴르(Louis Pasteur, 1822-1895)와 코흐(Heinrich Hermann Robert Koch, 1843-1910)에 의해 밝혀졌다. 또한 질병을 예방하는 백신의 원리도 제너(Edward Jenner, 1749-1823)와 파스퇴르가 확립하였다.

그러나 백신으로는 이미 질병에 걸린 사람을 치료할 수 없다. 또한 모든 질병을 다 예방할 수 있지도 않다. 병원균인 바이러스나 세균을 직접 죽이거나 억제해 치료하는 것이 항생제인데, 이는 백신보다 더 늦게 세상에 나왔다.

본격적인 항생제라고 볼 수 있는 페니실린(Penicillin)은 잘 알려진 대로 영국 스코틀랜드 출신의 미생물학자 알렉

산더 플레밍이 1928년에 발견하였다. 그의 발견에는 우연과 행운이 상당한 역할을 하였다. 포도상구균을 기르던 배양접시에 우연히 들어간 푸른곰팡이에 포도상구균이 녹은 것을 본 것이 계기가 되었다.

그러나 이 역시 단순한 행운으로만 볼 수는 없다. 그전부터 항균 작용에 관심을 가지고 주의 깊게 살펴보았기에 가능했던 일이다. 플레밍에 앞서 푸른곰팡이가 서식하는 주변에서 박테리아가 자라지 못한다는 사실이 관찰된 적이 있다. 또한 플레밍은 이보다 앞서 1922년에 세균에 저항하는 효소의 일종인 리소자임(Lysozyme)을 발견하기도 했다.

플레밍은 예리한 관찰과 실험을 통하여 푸른곰팡이가 세균을 자라지 못하게 하는 물질을 분비한다는 결론을 내렸다. 그는 푸른곰팡이의 속명인 페니실리움(Penicillium)을 따서 이 물질을 페니실린(Penicillin)이라 불렀다. 그는 페니실린이 사람의 병을 치료하는 데 기여할 것으로 생각하였다. 결국 페니실린은 포도상구균 외 연쇄상구균, 뇌수막염균, 임질균, 디프테리아균 등 전염병을 일으키는 여러 세균에 항균작용을 나타내었다.

그는 1929년에 페니실린을 성공적으로 추출해냈다. 하지만 상용화하여 치료약으로 만들기는 쉽지 않았다. 페니실린을 사람 몸에 투여한다 해도 쉽게 배설되어 항균 효과의 지속시간이 너무 짧다는 문제가 있었다. 또한 페니실린을 불순물 없이 정제하고 대량으로 생산하는 일은 무척 어려웠다. 상용화 과정에서 숱한 난관과 장애에 부딪힌 플레밍은 페니실린으로 항생제를 만드는 연구를 포기하다시피 하기도 했다.

페니실린의 상용화는 호주의 병리학자 하워드 플로리(Howard Walter Florey, 1898-1968)와 독일 태생의 영국 생화학자 언스트 체인(Ernst Boris Chain, 1906-1979)에 의해 결실을 거두었다.

앞선 플레밍의 연구에 관심이 있던 그들은 1939년부터 미국의 민간재단인 록펠러 재단에서 연구비를 지원받아 공동으로 페니실린 상용화 연구를 진행하였다. 각고의 노력 끝에 두 사람은 페니실린을 정제하고 결정을 얻는 데 성공하였고, 동물 실험과 인간 대상 임상 시험 결과 탁월한 효력을 확인했다.

페니실린은 제2차 세계대전 중인 1943년부터 사용되어 수많은 사람의 목숨을 구했다. 플로리와 체인은 최초 발견자 플레밍과 함께 1945년도 노벨생리의학상을 수상하였다.

　요컨대 인류 최초의 항생제 페니실린이 세상에 나올 수 있었던 것은, 예리한 관찰로 우연한 발견을 지나치지 않은 플레밍, 그의 선구적 연구를 사장하지 않고 끈질긴 노력으로 상용화한 플로리와 체인, 그리고 다른 제약회사들이 거부한 연구비를 지원한 민간재단이 각기 제 역할을 다했기에 가능했다.

최초의 합성염료 이름을 제공한 들꽃 모브
ⓒDominicus Johannes Bergsma

쓰레기에서 핀 장미
— 인공염료

 인공염료의 발명 역시 앞서 언급한 페니실린의 발견과 여러모로 공통점이 있다. 푸른곰팡이와 항생제 페니실린처럼, 콜타르(Coal tar)와 인공염료도 얼핏 보면 서로 어울리는 물건이 아닌 듯 보인다. 끈적하고 시커먼 콜타르는 옷에 묻으면 잘 지워지지도 않고, 냄새도 지독해서 옛날에는 거의 악성 폐기물로 취급받았다.

 따라서 사람들의 옷을 온갖 아름다운 색깔로 물들여주는 염료와는 관계없는 물건으로 생각될 만하다. 그런데 놀랍게도 합성 인공염료의 원료이다. 이것을 가능하게 한 사람들은 룽게(Friedlieb F. Runge, 1794-1867)를 포함한 여러 화학자이다.

오늘날에는 화학적 방법으로 대량 합성되는 인공염료 덕분에 일반 시민도 갖가지 화려한 색깔의 옷을 입을 수 있으나, 먼 옛날에는 왕족이나 권력자, 귀족 등 신분이 높은 사람이 아니면 고운 염료로 채색된 옷과 장신구를 걸치기 힘들었다. 천연염료의 역사는 매우 오래되었는데, 수천 년 전에 건설된 고대 이집트의 피라미드에서도 아름다운 색깔로 채색된 여러 물건이 나왔다. 고대 중국, 인도 등에서도 천연염료를 이용한 염색법이 일찍부터 발달되어 있었다.

먼 옛날에 천연염료의 원료로 쓰인 것에는 여러 가지가 있다. 나사조개에서 염료를 얻기도 했고, 멕시코 선인장에 사는 연지벌레에서 코치닐(Cochineal)이라는 붉은색 염료를 추출하기도 했다. 식물성 염료로는 파란색을 낼 수 있는 쪽(藍)의 잎과 붉은색을 낼 수 있는 꼭두서니 뿌리 등이 있다.

그러나 수많은 나사조개, 연지벌레나 쪽의 잎을 모아봐야 만들 수 있는 염료의 양은 극히 적었다. 따라서 염료는 귀하고 값이 비쌀 수밖에 없었다. 산업혁명으로 천, 옷감이 대량생산되고 염료의 수요도 크게 늘었다. 사람들은 염료를 값싸게 대량으로 만들 방법에 관심을 가지게 되었다. 그러나 유기화학이 발달하지 못했던 시절에는 뾰족한 수가 없었다.

한편 19세기 이후 가스공업의 발전에 따라 달갑지 않은 부산물도 발생하였는데, 석탄을 건류하여 석탄가스와 코크스를 얻고 난 찌꺼기가 바로 콜타르이다. 검은 색깔의 끈끈한 이 액체는 당시에는 어디에도 쓸모가 없는 골치 아픈 폐기물이었다. 가스회사들은 급격히 늘어만 가는 콜타르를 처리하는 데 큰 곤란을 겪었다.

독일의 화학자 룽게는 콜타르에서 유용한 물질을 얻으려고 연구한 끝에, 1834년 아닐린(Aniline)이라는 화합물을 성공적으로 분리해냈다. 이것이 천연염료의 원료인 쪽을 이루는 물질과 성분이 같다는 사실이 밝혀졌고, 룽게는 아닐린으로 합성염료를 만들어내려는 연구를 선도적으로 시도하였으나 성공하지는 못하였다.

이후 호프만(August W. Hofmann, 1818-1892)이 콜타르에 관한 룽게의 논문에 관심을 가지고 연구한 끝에, 콜타르에서 아닐린과 벤젠을 대량으로 제조할 방법을 알아냈다. 호프만의 제자였던 퍼킨(William H. Perkin, 1838-1907)은 콜타르에서 말라리아의 특효약인 값비싼 키니네(Quinine)를 합성하는 연구를 하였다.

퍼킨은 콜타르에서 추출한 아닐린에 몇 가지 화학약품을 가해보았으나, 검은 침전물이 생길 뿐 키니네는 합성되지 않았다. 그는 그것을 버리려다가 알코올에 녹여보았는데, 뜻밖에도 더러운 침전물이 화려한 보라색의 액체로 변하는 것을 보고 인공염료를 발명할 수 있었다.

퍼킨은 새로 발견한 액체에 보라색 들꽃 이름을 따서 '모브(Mauve)'라고 이름 지었다. 그는 대량생산법을 확립하고 특허를 취득한 후 스스로 인공염료 공장을 차려서 사업에 나섰다. 퍼킨은 합성염료 모브를 프랑스에도 대량으로 수출하였다. 모브로 물들인 보라색 옷이 파리에서 크게 유행하였고, 이는 역으로 영국에까지 번져서 모브는 날개 돋친 듯 팔려나갔다. 퍼킨은 젊은 나이에 큰돈을 벌었고, 합성염료 모브의 제조는 화학염료공업의 시초가 되었다.

콜타르는 더 이상 더러운 폐기물이 아니라 나프탈렌, 벤젠, 아닐린 등 여러 화학공업의 원료가 되는 물질을 추출해내는 귀중한 자원이다. 오늘날에도 환경오염 문제의 심각성 등으로 쓰레기나 폐기물을 재활용하는 연구가 활발히 진행되고 있다. 종전의 고정관념을 깨뜨리고 시커먼 콜타르에서 아름다운 인공염료를 만들어낸 퍼킨 등 화학자들의 공로는, 쓰레기더미에서 장미꽃을 피워낸 선구적인 성공 사례라고 할 수 있다.

생체모방기술의 선구인 벨크로의 탄생에 영감을 준 도꼬마리
ⓒ Vinayaraj

자연에서 배운다
— 생체모방 기술의 선구자들

자연은 여러 면에서 인류의 스승이다. 특히 생물은 인간이 지니지 못한 뛰어난 능력을 많이 가지고 있고, 과학기술상의 많은 발전이 다른 생물을 흉내 내고 배운 데에서 이루어지기도 하였다. 오늘날에는 온갖 생명체들이 가진 놀라운 행동과 구조, 신비로운 물질을 연구하여 배우려는 생체모방 공학(Biomimetics)이라는 새로운 학문 분야가 자리를 잡았다. 우리 생활 주변에서도 이러한 기술들을 적용한 사례들을 자주 접할 수 있다. 그중 선구적이라 할 만한 것들을 살펴볼 필요가 있다.

상당히 오래된 생체모방 기술로 철조망을 들 수 있다.

철조망이 가시넝쿨을 흉내 내어 발명되었다는 것은 잘 알려진 사실이다. 미국 일리노이 주에 살던 13세의 양치기 소년 조셉 글리든(Joseph Glidden, 1813-1906)은 양들이 보통의 철사줄로 둘러쳐진 울타리는 쉽게 넘어 다니지만, 가시넝쿨로 된 쪽은 넘어 다니지 않는다는 것을 알게 되었다.

그는 철사줄에도 인공의 '가시'를 달면 양들이 넘어 다니지 못할 것이라 판단하여 철조망을 고안했다. 예상대로 이 인공 가시넝쿨은 대성공이었고, 무명의 양치기 소년은 대장장이였던 아버지와 함께 철조망을 만들어 사용했다. 글리든이 개선된 철조망에 대한 특허를 공식적으로 획득한 때는 그의 노년기인 1874년이었다. 특허분쟁에서 승리한 그는 철조망 회사를 차려서 미국 최고의 부자가 되었다. 그가 철조망 판매로 평생 벌어들인 돈은 10명이 넘는 회계사들이 1년 동안 일해도 다 계산하지 못할 정도로 많았다고 한다.

일명 '찍찍이' 혹은 '매직테이프'라고 불리는 벨크로(Velcro) 역시 철조망 발명 사례와 비슷하다. 아기용 종이 기저귀, 신발, 의류, 생활용품 등에 접착용 부재로 널리 쓰이는 이 벨크로테이프는 옷에 달라붙는 도꼬마리에서 착안되었다.

1950년대 초 스위스의 전기기술자인 게오르그 데 메스트랄(George De Mestral, 1907-1990)은 시골길을 산책하고 집에 돌아왔는데 도꼬마리가 옷에 많이 달라붙어 있었다. 귀찮다는 생각에 도꼬마리를 떼어내던 메스트랄은 어떻게 옷에 달라붙는지 관심을 가졌다. 그는 현미경으로 도꼬마리를 관찰했고 도꼬마리의 갈고리가 옷에 쉽게 부착되는 구조라는 것을 알게 되었다. 도꼬마리는 열매에 갈고리를 갖추어 동물의 털에 달라붙어 이동함으로써 자손을 번식시키는 지혜를 가지고 있었다.

도꼬마리의 갈고리를 본떠서 유용한 것을 만들 수 있겠다고 생각한 메스트랄은 갈고리와 루프가 한 조를 이루어 쉽게 떼고 붙일 수 있는 편리한 테이프를 발명했다. 우단(Velvet)과 코바늘 뜨개질(Crochet)의 앞 글자를 딴 '벨크로(Velcro)'라는 상표명으로 널리 알려진 이 물품의 정식 명칭은 'Loop and hook fastner'로, 갖가지 분야에 이용되는 히트상품이 되었다.

또한 그 무렵 우주경쟁을 벌이던 미국과 구소련은, 무중력 상태인 우주선 안에서 여러 물건이 이리저리 떠다니는 골치 아픈 문제에 직면해 있었는데, 벨크로가 탁월한 해결

방안이 되었다.

벨크로처럼 작은 생활용품뿐 아니라, 고속철도의 차량 같은 덩치 큰 제품에도 생체모방 기술이 적용된 바 있다. 일본에서는 고속철도인 신칸센(新幹線)이 일찍이 발달하여 승객들로부터 환영을 받았지만, 터널 통과 시에 발생하는 커다란 소음이 문제로 대두되었다.

일본의 철도 기술자들은 물속의 먹이를 재빠르게 사냥하는 물총새에서 힌트를 얻었다. 즉 수면 아래로 빠르게 진입해도 요란하게 물이 튀거나 큰 파동이 생기지 않아서 사냥감인 물고기가 눈치를 채지 못하는 이유가, 물총새의 날렵하고 길쭉한 머리와 부리 모양에 있다는 사실을 알게 되었다. 1996년 이후 새로운 신칸센 차량에는 물총새의 모양을 본뜬 디자인이 적용되어 터널에서의 소음을 해소할 수 있었고, 그 멋진 모습으로도 인기를 끌었다.

오늘날 활발히 연구개발되고 있는 각종 첨단기술에도 생체모방 기술은 다양하게 적용되고 있다. 미국의 과학자이자 저술가인 재닌 베니어스(Janine M. Benyus, 1958-)는 1997년에 낸 『생체모방: 자연에서 영감을 얻은 혁신(Biomimicry: Innovation Inspired by Nature)』이라는 저서에서 생체모방을 통하여 지속 가능한 해결책을 찾아낼 수 있다고 주장했고 이는 사회운동 차원으로도 의미가 확장되었다.

앞으로도 생체모방 기술이 활용될 수 있는 분야는 무궁무진할 것이다. 우리나라를 비롯한 세계 주요 국가들은 생체모방 기술을 미래 핵심 기술로 선정하는 등 정부 차원에서 큰 관심을 쏟으며 연구개발과 응용에 박차를 가하고 있고, 국제표준화기구(ISO)는 생체모방 기술 관련 표준화 작업을 진행해왔다.

살충제 DDT를 옷 안에 살포하는 병사

용도 발명의 대표
— DDT

과학기술의 중요한 발견이나 발명은 새로운 제품을 만들거나, 몰랐던 자연현상이나 물질의 존재를 밝혀내는 것으로 생각하기 쉽다. 그런데 이들 못지않게 중요한 발명이 또 하나 있으니, 이미 알려진 물질의 새로운 용도를 알아내는 것이다. 이러한 '용도 발명'을 이루면, 다른 형태의 발명과 마찬가지로 특허로 인정받을 수 있다.

대표 사례가 예전에 농약과 살충제로 널리 쓰였던 DDT이다. 다이클로로다이페닐트라이클로로에테인(Dichloro-Diphenyl-Trichloroethane)이라는 정식 명칭이 너무 길고 어려워서 통상 DDT라 지칭한다.

DDT는 원래 자연에 있던 물질이 아닌 새롭게 만들어진 화학물질이다. 오스트리아의 화학자 자이들러(Othmar Zeidler, 1850-1911)가 1874년에 처음 합성하였다. 당시에는 DDT에 살충효과가 있는지 전혀 몰랐고, 훨씬 훗날에야 알려졌다.

화학적 살충제가 개발되기 전에는 국화과의 다년생화초인 제충국(除蟲菊, Pyrethrum)이 모기를 죽이는 향불 및 천연농약으로 사용되었다. 그러나 제충국은 양도 적고 너무 비쌌으므로 대량으로 공급되기는 어려웠다. 특히 1939년 제2차 세계대전이 발발하자 제충국 원료의 공급은 더 어려워졌다.

스위스의 염료 및 화학약품 회사 가이기(Geigy) 연구소에서 살충제를 연구하던 뮐러(Paul Herman Müller, 1899-1965)는 제충국과 유사한 성분의 화학물질을 찾던 중, DDT라는 합성물질이 곤충의 신경을 마비시킨다는 것을 발견했다. 그는 1941년 살충제 DDT를 특허 출원했고, 이듬해 제품으로 출시되어 살충제로 널리 사용되었다.

특히 제2차 세계대전 당시 남방전선 등 열대지역에서 말라리아를 비롯한 각종 전염병에 시달리던 미군들에게 DDT는 더할 나위 없이 중요했다. 1942년 말 독일군과 이탈리아군에 둘러싸인 스위스의 가이기 회사로부터 미국이

DDT의 샘플과 자료를 입수하던 일은 군사작전처럼 비밀리에 진행되었고, 결국 성공하여 수많은 병사의 목숨을 구할 수 있었다.

싼 가격으로 대량생산된 DDT는 전쟁 후 살충용 농약으로 공급되었다. DDT 용도 발명자 뮐러는 말라리아모기 퇴치 등의 공로를 인정받아 1948년도 노벨생리의학상을 수상했다.

그러나 DDT를 세계 각국이 남용하면서 환경에 대한 유해성과 부작용 문제가 제기되었다. 특히 생물학자이자 작가인 레이첼 카슨(Rachel Carson, 1907-1964)이 1962년에 출간한 『침묵의 봄(Silent Spring)』에서 DDT의 위험성과 피해를 집중적으로 거론하면서 논란이 증폭되었다. 인류를 구한 기적의 살충제 DDT가 환경문제의 원흉으로 지목된 것이다. 결국 DDT가 인체에 직접 피해를 입히지는 않지만 곤충과 조류 등 각종 동물에 DDT가 축적되어 생태계를 파괴한다는 점이 인정되었다. 1970년대 이후 대부분 국가에서 DDT를 농약으로 사용하는 것을 금지하였다.

DDT와 유사한 용도 발명의 사례는 이전에도 있다. 착색제 보르도액을 농약으로 사용한 경우가 그렇다. 포도주로 유명한 프랑스 보르도 지방에 대학 교수로 부임한 식물학자 미야르데(Pierre-Marie-Alexis Millardet, 1838-1902)는 포도의 병충해를 막는 방법을 연구하였다. 1882년에 노균병에 걸린 포도나무들을 살펴보던 미야르데는 이상한 점을 발견했다. 대부분의 포도나무가 병에 걸렸는데, 유독 길가에 있던 포도나무들은 병에 걸리지 않고 잘 자라고 있었다. 길가의 포도나무에는 황산구리와 석회를 섞은 용액이 뿌려져 있다는 점 외에는 다른 차이가 없었다.

이른바 보르도액(Bordeaux mixture)이라고 불리는 이 혼합액은 어린이나 포도를 훔치려는 사람의 서리를 막으려고 뿌려진 것이었다. 이 액체는 보기에도 흉측한 녹색이어서 독약처럼 보이는 데다가 나쁜 맛을 내기 때문에 포도를 지키는 데 효과가 있었다.

미야르데는 보르도액을 뿌리지 않은 포도는 노균병에 걸린 반면, 이것을 뿌린 포도는 병에 걸리지 않았음을 알아차리고 연구한 결과, 보르도액의 황산구리 속에 녹아 있는 구리이온이 노균병 방지에 효과가 있다는 점을 발견했다. 이후 대량으로 생산되어 프랑스 곳곳의 포도밭에 뿌려졌고, 유럽의 다른 지방에도 소문이 퍼져서 포도 농가들은 큰 이익을 보았다.

또한 미야르데는 감자나 토마토의 질병을 일으키는 곰팡이가 포도의 노균병균과 유사하다는 데 착안하여, 보르도액으로 감자의 병해를 예방하는 실험을 했고 성공을 거두었다. 이후 보르도액은 전 세계에서 여러 다양한 농작물의 병해를 막는 중요한 농약으로 쓰이게 되었다. 보르도액은 DDT의 경우와 달리 비교적 친환경적인 농약으로서 현재도 과수나 화훼작물에 보호 살균제로서 널리 사용되고 있다. 또한 각 농가에서 직접 제조하여 쓸 수 있다는 특징도 있다.

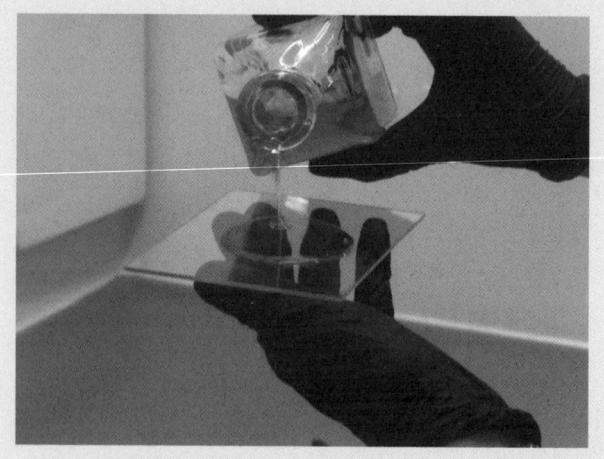

노벨이 젤라틴 폭탄을 발명하게 된 실마리를 우연히 제공한 콜로디온 용액
ⓒ CARLOS TEIXIDOR CADENAS

우연과 실수가 가져다 준 발명 발견들

우연과 행운 등이 계기가 된 뜻밖의 발명, 이른바 세렌디피티(Serendipity)에도 여러 다양한 유형이 있다. 그중에는 꿈에서 해답을 얻어서 중요한 발명, 발견을 완성한 경우도 있다. 대표적인 경우가 꿈에서 뱀을 보고 벤젠(Benzene)의 구조를 밝힌 사례이다.

19세기 독일의 화학자 케쿨레(Friedrich August Kekulé, 1829-1896)는 여러 유기 화합물들의 분자 구조를 밝힌 업적으로 잘 알려져 있다. 물질 중에서 탄소(C)와 수소(H)를 포함하고 있어서 불에 타기 쉬운 물질들을 유기물이라고 하는데, 사람 몸을 비롯한 동식물도 유기물로 구성되어 있다.

케쿨레는 유기물의 대부분이 긴 사슬 모양을 이루는 구조라는 사실을 알아내었으나, 벤젠이라는 물질만은 도무지 어떤 구조인지 밝혀내지 못해 고심하였다. 그러던 어느 날 케쿨레는 뱀들이 춤을 추는 꿈을 꾸었는데, 뒤의 뱀이 앞의 뱀의 꼬리를 물고 이어지고, 맨 앞의 뱀은 맨 뒤의 뱀의 꼬리를 물어서 전체적으로 원과 같은 모양이 되었다고 한다. 잠에서 깬 그는 벤젠이 꿈에서 본 것처럼 고리 구조를 이룬다는 사실을 밝혀내었다. 이 발견은 이후 유기화학의 발전에 크게 이바지하였다.

어떤 평론가는 케쿨레의 뱀 꿈을 역사상 가장 중요한 꿈이라고 평가하기도 했으나, 최근 일부 과학사학자들이 의문을 제기하면서 논란이 되기도 하였다. 중요한 발명 발견에 관련된 영감을 강조하는 유명한 일화들이 후대에 꾸며진 사례가 많듯이, 케쿨레의 자서전에 나오는 이 이야기 또한 자신의 연구를 극적으로 보이게 하거나, 비슷한 연구를 한 경쟁자들에게 우선권을 주장할 의도로 지어냈을 가능성도 있다는 것이다.

꿈에서 힌트를 얻은 다른 경우로 미국의 기술자 하우(Elias Howe, 1819-1867)의 사례도 있다. 초기 재봉틀 발명자 중한 사람인 하우는 재봉틀 중에서도 가장 중요한 '바늘'의 구조를 만들 아이디어가 잘 떠오르지 않았다. 그런데 꿈에서 나타난 아프리카 토인의 창끝에 구멍이 뚫린 것을 보았다는 것이다. 그는 재봉틀 바늘의 머리끝에 구멍을 만들어 실용적인 재봉틀을 발명했다고 한다.

뜻밖의 실수로 중요한 발명, 발견을 이룩한 사례도 많다. 다이너마이트로 유명한 알프레드 노벨(Alfred Bernhard Nobel, 1833-1896) 역시 실수로 덕을 본 사람 중 하나이다. 그는 화약의 원료인 니트로글리세린에 대한 실험을 하던 중 실수로 손가락을 베었다. 그는 당시에 반창고처럼 쓰이던 콜로디온이라는 액체를 바르고 실험을 계속하였다. 그러다가 니트로글리세린이 콜로디온 용액에 묻었는데 갑자기 모양이 변하는 것을 보았다. 여기서 힌트를 얻은 노벨은 니트로글리세린과 콜로디온을 섞고 가열해 투명한 젤리 상태의 물질을 얻었는데, 이것이 다이너마이트보다 훨씬 큰 위력을 가진 '젤라틴 폭탄'이다.

고무의 제조 방법 또한 우연한 실수로 인한 성공이었다. 기존 천연고무의 단점을 보완한 현대적인 고무는 굿이어(Charles Goodyear, 1800-1860)라는 미국인이 일생을 걸고 연구에 매달린 결과이다. 그가 하루는 고무에 황을 섞어 실험하던 중 실수로 고무 덩어리를 난로 위에 떨어뜨렸다. 그러나 놀랍게도 고무는 녹지 않고 약간 그슬리는 정도였다. 굿이어는 고무에 황을 섞어서 적당한 온도와 시간으로 가열하면 고무의 성능을 크게 높일 수 있다는 사실을 알게 되었다. 이를 바탕으로 오늘날과 같은 고무의 가공 방법을 확립하였고 이는 고무 공업 발전의 기초가 되었다.

최초의 합성섬유로 대성공을 거둔 나일론 역시 비슷한 경우이다. 나일론은 저명한 화학회사인 듀폰(Du Pont)에서 유기물 합성을 연구하던 캐러더스(Wallace Hume Carothers, 1896-1937)에 의해 발명되었다. 캐러더스 박사의 연구팀은 처음부터 인공 섬유를 개발하려던 것이 아니었다. 어느 날 연구팀의 한 명이 실험에 실패한 찌꺼기를 씻다가 잘 되지 않자 불을 쬐어 보았는데, 이 찌꺼기가 계속 늘어나서 실과 같은 물질이 되었다. 이를 본 캐러더스는 인공 섬유의 개발을 본격적으로 추진했고 그 후 나일론을 발명했다.

실수가 전화위복의 계기가 되어 위대한 업적을 낳은 사례는 근래에도 이어지고 있다. 전도성 플라스틱의 발명으로 2000년도 노벨화학상을 받은 연구팀은, 과거에 실험에 참여했던 연구원 한 명이 촉매를 1,000배나 많이 넣은 실수가 계기가 되어 새로운 물질을 발견했다고 밝혔다. 즉 유기고분자 합성 실험 중 이런 실수로 인하여 갑자기 은색의 광택을 내는 박막이 생긴 것이다. 그 원인을 규명하는 연구를 계속한 결과 이 박막이 금속과 같은 특성을 띤다는 사실을 알게 되었고, 결국은 전도성 고분자의 발명이라는 획기적인 업적으로 이어진 것이다. 민간기업 연구소에 근무하던 평범한 회사원이 2002년도 노벨화학상을 받아 화제가 된 다나카 고이치(田中耕一, 1959-)의 경우도 실험 중 실수로 중요한 발견을 했다고 한다.

단순한 우연이나 실수와는 다르지만, 세렌디피티의 중요한 범주 중 하나가 처음 목표와 달리 기대하지 않은 부산물을 얻는 경우이다. 정확한 비유인지는 모르겠으나 '꿩 대신 닭'이라는 우리 속담을 떠올릴 수 있다.

'남성들의 묘약'으로서 전 세계인들에게 폭발적 인기를 모은 발기부전치료제 비아그라(Viagra)는 심장병 치료제로 개발된 것이었다. 특히 의약품 개발 분야에서는 비아그라 외에도 유사한 사례가 적지 않다. 감기약의 대명사인 아스피린(Aspirin)은 해열, 진통제가 아닌 내복용 살균제로 개발된 약품이다.

대머리였던 고혈압 환자가 치료제인 미녹시딜(Minoxidil)을 썼는데 뜻밖에도 머리털이 돋아났다. 이후 미녹시딜은 탈모 방지, 발모 촉진제로 널리 쓰이고 있다.

멀리 거슬러 올라가면 '금을 만들기 위하여' 중세시대부터 행해졌던 연금술이 있다. 비록 다른 물질을 금으로 바꾸는 데에는 실패했지만, 그 과정에서 많은 새로운 물질들을 발견하였고 이는 근대 화학의 발달에 밑거름이 되었다.

앞서 상세히 언급하였듯이 말라리아의 특효약으로 쓰이던 값비싼 키니네를 인공적으로 합성하려 노력한 소년 화학자 퍼킨(William H. Perkin, 1838-1907)이, 키니네를 얻는 데에는 실패했으나 최초의 인공 화학염료 합성에 성공한 것도 이러한 사례로 꼽을 수 있다. 그리고 미국의 존 모어헤드(John Motley Morehead III, 1870-1965)와 캐나다 출신의 발명가 토머스 윌슨(Thomas Leopold Willson, 1860 - 1915)이 알루미늄 제련법을 개발하다가 실패하고, 대신에 카바이드(Carbide)의 제조 방법을 알아내어 화학공업의 발전에 기여하기도 하였다.

우연과 실수, 행운이 가져다준 뜻밖의 발명과 발견은 화학 분야에서 비교적 많았다. 아무래도 새로운 물질의 합성을 실험하던 중 사소한 실수가 예기치 못한 결과를 가져올 가능성이 있었기 때문이다.

그러나 이런 사례들을 단순한 우연이나 행운으로만 생각하면 안 된다. 그냥 지나치지 않고 눈여겨본 예리한 통찰력과 그런 기회를 얻기까지 기울인 노력이 성공의 원동력이다.

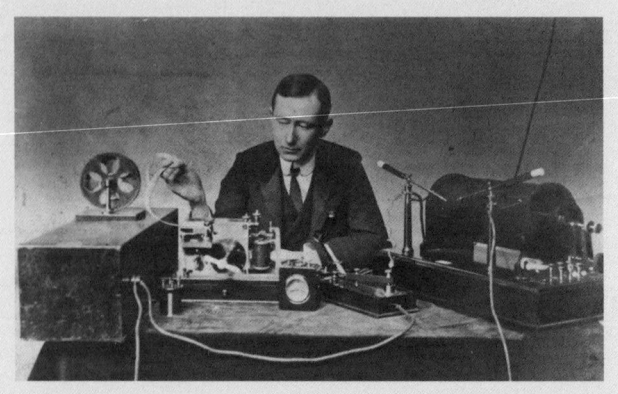

무선전신의 발명으로 1909년도 노벨물리학상을 받은 마르코니

전리층의 존재라는 특별한 행운

앞서 여러 가지 사례를 들었듯이 과학기술의 발전에서 우연과 행운이 실마리를 제공한 경우는 매우 많다. 실험 중 실수가 성공의 계기가 되거나 꿈에서 영감을 얻거나 어린이들의 놀이에서 힌트를 얻는 경우 등이 그렇다.

이러한 세렌디피티(Serendipity) 중에 상당수는 대중에게도 잘 알려져 있고 관련 교양과학서도 적지 않다. 그러나 인간의 행위에 의한 세렌디피티가 아닌 '자연의 섭리' 자체가 행운으로 작용하는 드문 경우도 있다.

노벨상에 '노벨발명상' 혹은 '노벨공학상'이라는 분야는 없다. 그래서 인류의 생활에 지대한 영향을 끼친 획기적인 발명품이나 기술적 진보를 남기고도 노벨상을 받지 못한 인물이 적지 않았다. 기초과학과 응용기술, 공학의 경계가 급격히 모호해지는 2000년대 이후에 와서야, 기초과학보다는 기술적 성취에 가까워 보이는 업적으로 노벨상 특히 주로 노벨물리학상을 받는 이들이 늘고 있기는 하다. 그러나 초기의 과학 분야 노벨상은 노벨의 유언에 따라 기초과학 발전에 공헌한 이들로 한정되었다. 발명왕 에디슨(Thomas Alva Edison, 1847-1931)도 노벨상을 받지 못했다.

여기에서 예외로 보이는 경우가 무선전신 발명으로 1909년도 노벨물리학상을 수상한 마르코니(Guglielmo Marconi, 1874-1937)이다. 무선전신 연구에는 상당한 전자기학 지식이 바탕이 되어야 한다. 하지만 마르코니는 발명가이자 사업가로서 역량을 발휘한 인물이다. 전자기학을 연구하여 업적을 남긴 물리학자로 보기는 어렵다.

나의 생각으로는 마르코니가 물리학자가 아닌데도 노벨물리학상을 받을 수 있었던 것은, 무선전신 발명보다는 그것을 실용화하는 과정에서 전자기파의 실체를 잘 파악한 점 때문인 것 같다. 즉 그는 당대 최고의 물리학자들도 이루지 못한 중요한 공헌을 남겼다. 대표적인 예가 전리층(電

離層, Ionosphere)의 존재 발견이다.

19세기 후반 물리학자 맥스웰(James Clerk Maxwell, 1831-1879)이 전자기파를 이론적으로 예언하고 헤르츠(Heinrich Rudolf Hertz, 1857-1894)가 실험으로 그 존재를 증명하자, 마르코니는 전자기파를 전신에 응용하려는 실험과 사업에 착수하였다. 당시에 유선전신에 의존한 원거리 통신은 반드시 전선을 설치해야 했다. 비용이 많이 들었고 해외 등 너무 먼 곳은 전신망을 구축하기가 쉽지 않았다. 마르코니는 무선전신 회사를 차리고 관련 특허를 취득하는 한편, 자신의 기술을 발전시켜서 무선통신이 가능한 거리를 확장해갔다.

그는 영국과 프랑스 사이의 도버해협을 횡단하는 무선통신을 실현한 데 이어서 1899년에 약 120킬로미터까지 무선으로 신호를 보내는 데 성공했다. 그리고 무선통신으로 대서양을 횡단한다는 더 대담한 계획을 실행에 옮겼다. 그러나 당시 대부분의 물리학자는 전자기파를 이용한 무선통신이 단거리는 가능할지 몰라도, 매우 먼 장거리 통신은 불가능하다고 생각하였다. 즉 지구가 둥글기 때문에 송신한 전자기파가 수신기에 도달하지 못하거나 계속 위로 올라가서 결국 대기층에서 소멸할 것이라고 보았다. 당시에 전자기파를 이용한 무선통신은 대략 160~320킬로미터가 한계라고 여겨졌다.

그러나 마르코니는 그들의 의견을 받아들이지 않고 무선전신의 연구와 실험을 계속하였다. 그리고 1901년 대서양을 사이에 둔 영국과 미국의 대륙 간 무선 송수신에 성공하여 세상을 놀라게 했다. 마르코니 덕분에 지구촌 규모의 무선통신과 방송이 가능하게 된 것이다.

물리학자의 회의적 예상과 달리 원거리 무선통신이 가능했던 것은 지구 상공에 존재하는 전리층 덕분이다. 대기권에서 이온 등으로 이루어진 전리층이 전자기파를 반사하는 역할을 하여, 대륙을 가로질러 그 먼 거리까지 도달하게 하였다. 이를 계기로 지구 대기권 외곽에 위치한 전리층의 존재 및 전리층과 전자기파의 상호작용에 대한 연구도 시작되었다.

물론 마르코니도 처음부터 전리층의 존재를 알고 원거리 무선전신 실험을 한 것은 아니었으므로 큰 행운이 따랐다고 볼 수 있다. 그러나 개발자의 뚝심이 결국 최종 승리를 거둔 사례로서 오늘날에도 되새겨 볼 만한 교훈을 준다. 마르코니의 무선 연구 분야 라이벌이자 동료인 물리학자

브라운(Karl Ferdinand Braun, 1850-1918)은 무선통신의 대서양 횡단실험 같은 과감한 시도를 하지 않았다. 다만 브라운 역시 무선전신 기술의 발전과 관련한 학문적 업적을 인정받아, 1909년도 노벨물리학상을 마르코니와 공동 수상하였다.

원자핵의 구조를 밝힌 러더퍼드의 1905년 모습
ⓒ Unknown / CC-BY-4.0

러더퍼드는 어떻게 고전역학만으로
원자핵의 구조를 알아냈을까?

뉴질랜드 출신의 영국 과학자인 러더퍼드(Ernest Rutherford, 1871-1937)는 여러 업적과 아울러 후학 양성으로 과학 발전에 크게 공헌한 인물이다. 스승 톰슨(Joseph John Thomson, 1856-1940)의 지도하에 여러 실험과 연구를 한 그는 방사선으로서 알파(α)선과 베타(β)선을 발견하고 방사능물질에 대한 연구 공로를 인정받아 1908년 노벨화학상을 수상하였다.

그러나 그를 더욱 유명하게 만든 것은 원자핵의 존재를 처음 발견한 일이라 하겠다. 이와 관련된 러더퍼드의 실험이 잘 알려져 있는데, 과학의 역사에서 대단히 중요한 실험으로 꼽힌다.

1897년에 전자(Electron)를 발견했던 톰슨은 원자의 모형을 제시하였는데, 공 모양으로 된 원자 내부에 양전하가 골고루 퍼져 있고, 음전하의 전자가 양전하와 같은 수만큼 원자 내부에 함께 분포할 것이라고 설명하였다. 톰슨의 제자였던 러더퍼드 역시 처음에는 이른바 자두 푸딩 모형(Plum-pudding model)이라 부르는 이 모델이 맞는다고 생각하였다.

러더퍼드는 알파선에 관한 실험에서 물질을 통과하는 알파선 입자가 약간씩 휘어지는 현상을 발견하고, 그 이유를 밝히려는 연구를 지속하는 과정에서 금박 실험을 제안했다. 즉 금으로 만든 아주 얇은 막에 알파(α)입자를 발사하여 충돌시키면 어떻게 될지 알아보는 것이었는데, 그는 이 실험을 조교였던 마르스덴(Ernest Marsden, 1889-1970)과 가이거(Hans Geiger, 1882-1945)에게 수행하도록 지시하였다.

1909년부터 시작된 이 실험은 예상과 달리 대부분의 알파 입자는 거의 그대로 통과하였지만, 일부는 큰 각도를 이루면서 산란하거나 다시 튕겨 나와 금막을 통과하지 못한다는 놀라운 결과를 얻었다. 그들은 금 외의 알루미늄, 철 등 다른 금속박에도 알파입자를 충돌시켰고, 금속박의 두께를 바꿔가면서도 실험을 계속하였다. 그리고 어느 경우든 튕겨 나오는 알파입자가 있었고 무거운 금속일수록 그 수가 증가한다는 사실을 알게 되었다.

이 실험 결과는 원자 내부에 양전하와 음전하가 골고루 함께 분포한다는 톰슨의 원자 모형과 크게 배치되는 것이었다. 따라서 러더퍼드는 원자 내부에 알파입자를 튕겨낼 만한 딱딱한 것이 있다고 추정하여 이것과의 전기력 등을 고려하여 식을 하나 세웠고, 이는 러더퍼드 산란 공식이라 불리게 되었다. 러더퍼드와 조교들은 이 산란 공식이 실험 결과와 아주 잘 들어맞음을 확인하였고, 그 결과 러더퍼드는 "원자는 대부분 빈 공간으로 이루어져 있으며, 원자의 중심부에는 양전하를 띤 원자핵이 있고, 그 주위를 음전하를 띤 전자가 돌고 있다"는 이른바 '유핵 원자모형'을 1911년에 발표하였다.

그런데 현대물리학의 발전 역사를 살펴본다면, 뭔가 앞뒤가 맞지 않는 이상한 사실 하나를 발견할 수 있다. 원자나 전자와 같은 극미(極微) 세계에서는 고전역학이 아닌 양자역학(量子力學)의 법칙이 적용된다. 물리학과 학부나 대학원에서 배우는 양자역학 교과서에는 대개 마지막 장에 산란 이론(Scattering theory)이 상세히 나와 있기도 하다.

따라서 러더퍼드 역시 이 산란 실험을 제대로 해석하기 위해서는 양자역학이 필요하며, 그의 산란 공식 역시 뉴턴(Isaac Newton, 1642-1727)의 운동방정식이 아닌 양자역학의 슈뢰딩거 방정식을 적용해야 제대로 세워질 수 있다고 하겠다.

그러나 러더퍼드가 자신의 원자 모형을 제시한 1911년 당시에는 양자역학이 정립되기 훨씬 전이었다. 즉 양자역학의 근간이 된 하이젠베르크(Werner Heisenberg, 1901-1976)의 불확정성 원리나 슈뢰딩거(Erwin Schrödinger, 1887-1961)의 파동방정식이 나온 것은 1925년 이후이다. 그런데도 러더퍼드는 어떻게 산란 실험을 통하여 원자핵의 존재를 밝혀내고 정확한 산란 공식을 세울 수 있었을까?

그 이유는 '다행스럽게도' 러더퍼드의 산란 실험은 고전역학으로 풀이하나 양자역학으로 풀이하나 거의 같은 결과가 나오기 때문이다. 즉 빠른 속도로 운동하는 계에서는 원칙적으로 아인슈타인(Albert Einstein, 1879-1955)의 상대성이론을 적용해야 하지만, 빛에 비해 너무 느린 대부분의 운동계에서는 뉴턴의 고전역학을 적용해 풀어도 거의 무방한 것과 유사한 이치이다.

이 또한 앞에서 언급했던 전리층에 의한 원거리 무선통

신의 성공 사례처럼, 자연의 섭리 자체가 상당한 '행운'으로 작용한 것으로 해석할 수 있다. 만약 전자의 질량이 양성자(Proton)의 약 1/1800로 작지 않고 양성자나 원자핵에 비해 큰 차이가 없다거나, 포텐셜의 분포가 실제와 크게 달라서 고전역학적 해석과 양자역학적 해석이 크게 달라지는 상황이었다면 어땠을까? 아마도 러더퍼드는 원자핵의 존재를 밝혀내기가 어려웠을 것이다. 따라서 이러한 행운이 아니었더라면 원자 구조의 해석을 비롯한 현대과학의 발전도 상당히 늦어졌을 가능성이 크다.

다만 러더퍼드의 산란 실험에서도 빠른 알파입자로 가벼운 원소의 핵에 매우 가깝게 접근시킬 때는, 이들 입자의 상호작용에서 나타나는 힘이 고전역학의 역제곱법칙에 따르지 않게 된다. 러더퍼드는 그 이유를 핵 내부의 복합적인 구조 때문이라고 설명하였으나, 나중에 양자역학이 발전함에 따라 고전역학과는 다른 양자역학적 효과 때문임이 밝혀졌다.

시체를 훔치는 것도 불사하며 해부학을 연구했던 베살리우스

시체 도둑이 된
해부학자 베살리우스

유네스코 세계기록유산이자 국보인 『동의보감(東醫寶鑑)』의 저자 허준(許浚, 1539-1615)의 일대기는 드라마로 제작되어 방영된 바 있다. 매우 높은 시청률을 기록했던 드라마에서 시청자들이 꼽은 최고의 명장면 중 하나는, 허준이 스승 유의태의 유언에 따라 눈물을 머금고 그의 시신을 해부해 본 장면이었다.

제자를 명의로 성장시키기 위하여 자신의 몸을 해부실습용 시신, 즉 현대적 용어로 카데바(Cadaver)로 내어준 장면은 시청자들을 감동시켰을지 모르지만 이는 허구이다. 조선시대 의학사를 연구하는 학자들은 엄격한 유교적 관념이 지배하던 그 시대에, 다른 사람도 아니고 스승의 시신에 칼을 댄다는 것은 상상조차 할 수 없다고 말한다.

아무래도 근대적 임상체험 및 인체해부 경험의 중요성을 강조하는 의미로 볼 수 있는데, 이는 시체 도둑이 되었던 해부학자 베살리우스(Andreas Vesalius, 1514-1564)의 사례를 떠올리게 한다. 혹 드라마의 원작소설을 쓴 작가가 거기에서 힌트를 얻지 않았나 하는 생각이 들기도 한다.

'신체발부수지부모(身體髮膚受之父母)' 관념이 중시되던 조선시대 못지않게, 중세시대 서양 역시 사람의 시신 해부는 대부분 금지되어 있었다. 기독교적 세계관이 모든 것을 지배하던 시절이었으므로, '영혼이 돌아와 부활할지 모르는' 시체에 칼을 대는 것을 엄격히 제한하였다. 의학교수나 의사 역시 실제 인체해부 경험을 해본 경우가 거의 없었고, 아주 가끔 당시 외과의사를 겸했던 이발사가 시체를 검시, 해부하는 장면을 의과대 학생과 교수들이 옆에서 지켜보는 정도가 고작이었다.

그러한 상황에서 온갖 위험을 무릅쓰고 스스로 인체 해부실험을 강행하여 근대 해부학의 기초를 닦은 인물이 베살리우스이다. 브뤼셀에서 태어난 그는, 파리에서 의과대학을 졸업한 후 벨기에 루뱅대학의 해부학 교수로 부임하였다. 해부학 교수가 인체 해부를 마음대로 할 수 없는 상황에 답답했던 그는 어느 날 사형수의 시체를 몰래 훔쳐오는 모험을 감행하였다.

달도 없는 캄캄한 밤, 교수대에 매달려 죽은 사형수의 시신을 업고 연구실로 돌아온 베살리우스는 밤새도록 사형수의 시신을 해부하고 정밀히 관찰하여 노트에 기록하였다. 날이 밝자 그는 시체를 원상 복구한 후, 다른 시신과 함께 관에 넣어서 처리하였다. 그 관은 그날 아침에 무덤에 묻히므로 베살리우스의 모험은 들키지 않고 감쪽같이 성공하였다. 발각되었다가는 자신이 해부한 사형수와 같은 운명이 될 아슬아슬한 상황이었다.

스스로 인체해부 실험을 해본 베살리우스의 해부학 강의는 아주 유명해졌다. 그는 이내 탁월한 해부학자라는 평을 들었으나 기어코 올 것이 오고야 말았다. "마치 산 사람을 해부해본 것 같다"는 학생들의 말에, 교수대에서 없어진 시신의 행방을 찾던 경찰은 베살리우스에게 시체 도둑 혐의를 두었다. 동료 교수의 귀띔에 그는 그날로 모든 짐을 꾸려서 도망쳐 학문의 자유가 있는 이탈리아로 향하였다.

그리고 뛰어난 해부학 능력을 인정받아 파두아대학의 해부학 교수로 임용되었다.

이탈리아는 르네상스의 본고장답게 많은 학자가 자유롭게 연구하고 실험할 수 있는 곳이었다. 로마 교황의 반대에도 불구하고 의학자들이 스스로 인체해부를 할 수 있었기 때문에, 베살리우스는 그곳에서 자신의 능력을 한껏 발휘할 수 있었다. 자신이 기록한 노트를 바탕으로 한 화가의 도움으로 정확한 그림을 곁들여서 1538년에 『학생을 위한 해부학』이라는 책을 펴냈고, 강의와 아울러 해부실험도 여전히 게을리하지 않았다.

당시 중세 의학은 로마시대에 '제2의 히포크라테스'라고 불린 갈레노스(Galenos, 129?-199?)의 이론에 바탕을 두고 있었다. 갈레노스 역시 훌륭한 해부학자였지만 수많은 오류가 있었다. 그래도 기독교회는 그것을 그대로 믿고 도그마로 삼았다. 그래서 결과적으로 근대 의학의 발전을 막는 구실을 하였다. 베살리우스는 교회가 부여한 갈레노스의 잘못된 권위에서 벗어나는 것이야말로 의학의 발전을 앞당기는 중요한 일임을 깨닫고, 더 깊이 연구에 정진하였다. 그는 강의 중에 갈레노스의 잘못을 200여 가지나 지적하였다고 한다.

베살리우스는 자신의 연구 성과를 집대성하여, 28세가 되던 1543년에 『인체의 구조에 관하여(De humani corporis fabrica libri septem)』라는 책을 출판하였다. 이후 『파브리카』라는 약칭으로도 불렸던 이 책은 663쪽 분량에 300개 이상의 그림을 담아 모두 7권으로 구성되어 있다. 이는 베살리우스의 불후의 역작일 뿐 아니라, 해부학의 역사에서 가장 중요한 업적으로 꼽히면서 근현대 의학의 발전에도 큰 영향을 미쳤다.

그는 책의 제1권에서 뼈와 관절, 제2권에서 근육, 그리고 이후 맥관, 신경, 여러 장기와 뇌 등 각 권별로 인체의 주요 부위들을 상세히 언급하였다. 그리고 해부도 등 책에 포함된 수많은 그림 또한 무척 생생하고 정확하게 묘사되어 있어서 감탄을 자아내게 할 정도이다. 물론 오늘날의 관점에서는 일부 오류나 애매한 부분들도 없지 않지만, 후대의 수많은 학자가 베살리우스의 그림을 모방하거나 표절하기도 하였다. 이 책은 이후 많은 곳에서 재출판되었고 여러 차례 개정판이 나오면서 내용 일부가 개선되었으나, 근본적인 변화는 없었다.

『파브리카』가 처음 출간된 1543년은 공교롭게도 『천구의 회전에 관하여(De revolutionibus orbium coelestium)』가 나온 해이기도 하다. 지동설을 주장하여 천문학과 근대과학에서 혁명을 일으킨 코페르니쿠스(Nicolaus Copernicus, 1473-1543)의 이 저서는 그가 사망한 직후에 발행되었다.

베살리우스의 『파브리카』는 출간과 함께 곧장 기독교회의 맹렬한 공격을 받았다. 교회의 주된 비판은 "인체에는 '넋의 자리'가 있어야 하는데, 베살리우스의 책에는 그것이 없다"거나, "성서에 의하면, 아담의 갈비뼈 하나로 이브를 만들었으므로 남자는 여자보다 갈비뼈가 하나 적어야 하는데, 베살리우스는 남자나 여자나 갈비뼈 수가 똑같다고 하였다"는 등이었다. 오늘날 관점에서 보면 웃음이 나올 만한데, 천문학에서 지동설이 거센 비난과 탄압을 받았던 것과 마찬가지로, 베살리우스의 이론 역시 심한 반발을 살 수밖에 없었다. 심지어 "베살리우스의 책은 악마가 썼기 때문에, 하느님의 이름을 더럽힌 그를 종교재판에 회부해야 한다"고 협박까지 했다.

그러나 베살리우스 역시 제대로 해석하지 못한 것이 있었다. 인체 심장의 구조 및 피돌기의 원리에 대하여 정확히 설명해내지 못했다. 교회의 비난이 두려워서 애매한 표현으로 두루뭉술하게 넘어갔는지, 그 역시 제대로 밝혀내지 못했는지 알 수는 없으나, 이 부분은 훗날 영국의 하비(William Harvey, 1578-1657)가 '혈액 순환의 법칙'을 명확히 밝혀 의학 발달에 신기원을 이룩했다.

하지만 베살리우스도 갈릴레이(Galileo Galilei, 1564-1642) 등 근대과학의 선구자들이 고난을 겪었던 것과 마찬가지로 교회의 편견과 억압에 맞서 싸워야 했다. 자신의 주장을 펴려고 온갖 험난한 일을 겪은 끝에 그는 1564년 10월, 50세 나이로 그리스의 섬에서 쓸쓸한 삶을 마쳤다.

600번이 넘는 실패를 무릅쓴 에를리히

605전 606기의 화학자
에를리히

역사상 위대한 과학적 업적을 이룬 사람들은 천부적 능력을 타고났거나 비상한 두뇌의 소유자라고 생각하기 쉽다. 물론 우리가 잘 아는 과학자들 중에는 천재적인 인물이 적지 않다. 그러나 다른 분야와 마찬가지로, 과학기술상의 중요한 발전을 이룩한 인물이 꼭 남보다 탁월한 두뇌를 지녀서라기보다는 끈기와 노력이 그 비결이었던 경우도 적지 않다.

거듭되는 실패에도 불구하고 포기하지 않고 연구에 몰두하여 마침내 큰 업적을 이룬 과학자 중에서도 독일의 에를리히(Paul Ehrlich, 1854-1915)는 단연 빛나는 인물로 기록되고 있다. 에를리히는 대학 시절 일부 과목의 학점을 제때 취득하지 못하여 남들보다 1년 늦게 졸업했을 정도로, 처음에는 탁월한 능력을 지닌 사람으로 평가되지 못했다. 그러나 자신의 분야에서 남다른 노력을 기울인 결과 생화학 및 의학 발전에 중요한 자취를 남겼다. 거듭되는 실패를 딛고 끝내 성공을 이룬 경우, 흔히 7전 8기(七顚八起)라고 말하는 경우가 많다. 수백 번이 넘는 실패를 극복한 에를리히는 '605전 606기'의 경우였다.

19세기 후반에는 현미경의 발명에 힘입어 여러 미생물의 정체가 밝혀졌고 전염병 연구 또한 활발히 진행되었다. '전염병은 하늘이 내리는 벌이 아니라, 병원체인 미생물로 생긴다'는 사실이 밝혀지면서, 전염병의 예방 및 치료에 큰 발전이 이루어졌다. 여기에 가장 공헌이 컸던 인물들을 꼽으라면 백신 발견자인 프랑스의 파스퇴르(Louis Pasteur, 1822-1895)와 독일의 세균학자인 코흐(Heinrich Hermann Robert Koch, 1843-1910)를 들 수 있다.

파스퇴르는 미생물의 성질을 깊이 연구하여 부패와 발효 현상이 미생물의 작용이라는 것을 밝혔으며, 독창적인 실험으로 생물의 자연발생설을 부정하는 확증을 제시하였다. 그는 또한 인간이나 가축의 전염병도 미생물로 생긴다고 주장하였으나, 당시 대부분의 의사는 파스퇴르의 견해를 믿지 않았다. 코흐는 탄저병을 일으키는 세균의 정체를 밝혀내었고 당시 최대의 난치병이던 결핵의 병원균도 발견함으로써, 전염병의 병원체는 미생물의 일종인 세균이라는 사실을 입증하였다.

코흐가 세균학의 대가로서 이름을 날릴 무렵, 에를리히는 결핵균을 효율적으로 염색하여 관찰할 방법을 발견하여 코흐에게 극찬을 들었다. 코흐의 연구소에서 일하던 에를리히는 세균을 염색하는 방법을 응용하여 세균을 죽이는 약을 개발할 결심을 하였고, 몇 년 후 자신의 연구소를 차리고 실행에 옮겼다. 당시 독일은 리비히(Justus Freiherr von Liebig, 1803-1873) 등이 유기화학을 개척하여 염료공업 등에 화학지식을 응용함으로써 새로운 물질들을 추출하는 방법이 많이 개발되었다. 따라서 에를리히는 세균의 분자만 파괴하고 인체에는 해를 주지 않는 물질을 만들 수 있다고 확신하였다.

에를리히는 세균만 선택적으로 파괴할 수 있는 물질을 '마법의 탄환'이라 불렀다. 처음에 연구한 것은 가축들에 질병을 일으키는 트리파노소마(Trypanosoma)라는 미생물을 죽이는 약품 개발이었다. 그는 생쥐를 대상으로 여러 염료를 써서 실험을 거듭해 트리파노소마를 파괴하는 염료물질을 발견하는 데 성공하였다.

이를 바탕으로 에를리히는 짐승의 질병이 아니라 인간의 질병을 치료하는 물질의 개발에 본격적으로 나섰다. 매독의 병원균인 스피로헤타(Spirochaeta)가 그의 첫 번째 대상이었다. 여러 종류의 화학물질을 검토하던 그는 비소(As) 계열의 화합물에 눈길이 갔다. 비소는 매우 강한 독극 물질로 미생물을 죽이는 효과가 컸다.

그러나 비소는 미생물뿐 아니라 사람에게도 독극물이었으므로 그대로는 마법의 탄환이 될 수 없었다. 인체에 부작용이 없으면서도 병원균을 효과적으로 죽일 수 있는 분자구조를 갖춘 화합물을 만들어야 했는데, 화학뿐 아니라 의학, 생물학 지식도 필요하였다. 그래서 에를리히의 연구소에서는 여러 분야의 학자들이 모여 공동으로 연구를 하였다.

에를리히는 주로 토끼를 이용하여 실험하였다. 투여하는 물질의 분자구조를 조금씩 달리하면서 토끼와 스피로헤타균의 변화를 지속적으로 살핀다는 것은 힘들고 지루한 일이었다. 매우 많은 토끼가 이 실험에서 희생되었고, 수백 회가 넘도록 원하는 결과가 나오지 않았다. 즉 스피로헤타균이 잘 죽는 경우에는 토끼도 상태가 나빠지는 경우가 대부분이었다. 실험에 참여한 연구원들의 불평과 회의감도 높아만 갔다.

그러나 에를리히는 굳은 신념으로 실험을 계속했다. 결국 1910년에 이르러 606번째 실험에서 원하는 물질을 얻었다. 토끼의 스피로헤타균을 부작용 없이 모두 죽인 그 화학물질을 인체 실험에도 적용해본 결과 성공을 거두었다. 그는 각고의 노력 끝에 발견한 이 물질을 실험 횟수를 따서 '606호'라고 지칭하였다. 이것이 인류 최초의 화학적 치료약품인 '살바르산(Salvarsan)'이다.

병원에 가면 주사를 놓거나 조제약을 주는, 오늘날 질병을 치료하는 가장 일반적인 수단으로 자리 잡은 화학요법은 에를리히에 의해 처음 개발되었다. 또한 지금도 새로운 약이 개발되면 '○○○호' 식으로 부제를 붙이는 경우가 많은데, 이것도 에를리히의 606호가 그 유래로 보인다.

그러나 생화학과 의학이 눈부시게 발달하고 첨단 실험 장비가 갖춰진 오늘날의 신약개발시스템과 달리, 모든 일이 수작업으로 이루어지던 당시에 에를리히가 600번 넘는 실패를 무릅쓰고 성공을 거두기까지는 대단한 집념과 끈기가 필요했다.

살바르산의 발견 이외에도 에를리히는 여러 업적을 남겼다. 즉 비만세포를 발견하였고 소변 중의 쓸개즙색소를 검출하는 발색반응인 에를리히 반응을 알아내었다. 또한 혈류로부터 뇌와 척수에 해로운 물질이 유입되는 것을 막는 생리학적 장벽인 혈뇌장벽(Blood-brain barrier)이라는 존재를 처음으로 밝혀내기도 하였다.

그의 또 다른 중요한 공적으로는 면역학에서 측쇄설(側鎖說, Side-chain theory)이라는 개념을 제시한 것을 들 수 있다. 측쇄설이란 각 세포가 독소를 흡수하는 데 관여하는 측쇄라는 수용기를 가지고 있다고 보는 가설이다. 이는 생명체가 독소에 감염된다 해도 많은 양의 측쇄를 만들어낸다면 새로운 감염을 막아낼 면역이 생기고 생존할 수 있다는 의미이다.

오늘날의 관점에서는 정확한 이론이라 하기 어렵겠지만 항체의 개념과 동일하다고 볼 수도 있으며, 그는 항원-항체 반응과 면역의 기본 원리를 파악한 셈이다. 그는 이러한 면역에 관한 연구로 살바르산을 발견하기 직전인 1908년에 메치니코프(Ilya Ilich Mechnikov, 1845-1916)와 공동으로 노벨 생리의학상을 받기도 하였다.

의지의 과학자 에를리히는 말년에 건강이 나빠져 온천에서 휴양을 하던 중, 제1차 세계대전이 한창이던 1915년 8월 20일 세상을 떠났다. 그가 1890년대에 초대 연구소장을 지낸 독일 국립 혈청연구소는 1947년에 에를리히 연구소로 이름을 바꾸어 오늘에 이르고 있다.

라에네크가 발명한 한쪽 귀로 듣는 방식의 청진기
ⓒWellcome Library, London / CC-BY-4.0

맥주통 타진법과 청진기

환자의 몸을 두드리거나 청진기로 환자의 병을 진단하는 방법을 알게 된 것은 의학의 발전사에 비하여 그리 오래된 일이 아니다. '의학의 아버지'라 불리는 고대 그리스의 히포크라테스(Hippokrates, BC 460?-377?)가 자기의 귀를 환자의 가슴에 대고 심장이 뛰는 소리를 들어서 진찰하는 방법을 이용하였다고 알려졌으나, 그 후 오랜 세월이 지나도록 환자를 진단하는 방법에는 별다른 발전이 없었다. 18세기 이후에야 여러 의사에 의해 근대적인 진단법과 청진기가 개발되었다.

오스트리아 그라츠 태생의 의학자인 아우엔브루거(Joseph

Leopold Auenbrugger, 1722-1809)는 세상에서 처음으로 환자의 가슴 등을 두드려 병을 진단하는 방법을 알아낸 인물이다. 그가 이러한 진단법을 개발한 배경에는 재미있는 일화가 있다.

그의 아버지는 여관을 경영하던 사람인데 그곳에서 파는 맥주는 맛이 좋기로 유명해 여러 지방의 나그네들이 몰려들어 항상 붐볐다고 한다. 손님을 대접할 맥주가 떨어지지 않도록 맥주통 안에 맥주가 어느 정도 있는지 항상 신경을 써야 했는데, 육중한 맥주통을 들어보거나 그 안을 들여다보기란 어려운 일이었다.

아우엔브루거의 아버지는 지혜로운 사람이어서 묘안을 찾아내었다. 바로 맥주통을 주먹으로 두드려보는 방법이었다. 맥주통을 두드려서 맥주의 양을 알아내는 그의 기술은 아주 뛰어나서, 그 후로 맥주가 떨어지는 일은 거의 없었다고 한다.

아버지의 후원으로 당시 명문대학이던 빈대학 의학부를 마친 아우엔브루거는 의사가 되어 여러 환자를 돌보게 되었다. 그러나 당시에는 환자의 병을 진단하는 방법은 거의 개발되지 않고 있었다. 중세와 달리 의사가 시신을 해부하는 것은 가능하였으나, 살아 있는 환자의 속을 들여다볼 재주는 어느 누구에게도 없었다.

진단법을 찾기 위해 고심하던 아우엔브루거는 어느 날 좋은 생각을 떠올렸다. 어린 시절 그의 아버지가 맥주통 안을 들여다보지 않고도 통을 두드려서 그 안의 맥주량을 알아내는 것과 마찬가지 이치로, 환자의 가슴을 두드려보면 환자의 병 상태를 알 수 있지 않을까 하는 것이었다.

그 후 아우엔브루거는 진찰하는 환자마다 가슴, 배를 두드려 소리를 기억해두었고, 건강한 사람과 아픈 사람은 그 소리가 다르다는 것을 분명히 알게 되었다. 또한 여러 해에 걸쳐서 그 일을 반복한 결과, 어느 병에 걸리면 어떤 소리가 난다는 것을 훤하게 알게 되었다. 그는 1761년 자신의 연구 결과를 모아서 『가슴을 두드려 병을 알아내는 새로운 진단법』이라는 책을 내었다. 이는 진단법에 있어 획기적 발전이라 평가되어 마땅했지만 당시 의사들은 냉담한 반응을 보였다. 아픈 사람의 몸을 두드리면 병세가 악화되지 않겠냐는 것이었고 "환자의 몸에서 나는 소리로 오페라를 작곡하려느냐?"고 비꼬는 이도 있었다.

이처럼 아우엔브루거의 새로운 진단법은 오랫동안 빛

을 보지 못하였으나, 이후 프랑스의 의사 코르비자르(Jean Nicolas Corvisart, 1755-1821)에 의해 널리 소개되었다. 코르비자르는 당시 프랑스 궁정의 시의로서 나폴레옹이 전적으로 신뢰했을 만큼, 세계적인 의사로서 명성을 떨치고 있었다. 1808년 우연히 아우엔브루거의 책을 읽은 그는 환자의 가슴을 두드리는 진단법이 매우 훌륭하다고 인정하고 주위의 많은 의사에게 권장하였다. 또한 아우엔브루거의 저서를 번역하고 자신의 연구를 덧붙여서 새로운 책으로 출간하였다. 아우엔브루거의 타진법은 이렇게 해서 널리 보급되었고, 그에 힘입어 근대적 진단법과 의학이 발전할 수 있었다.

당시의 저명한 의사였던 코르비자르에게 제자가 되기를 간청한 사람이 있었는데, 라에네크(René-Théophile Laennec, 1781-1826)라는 프랑스의 젊은이였다. 그는 1804년 대학을 졸업하고 의사가 된 후, 주로 폐결핵과 심장병의 연구에 많은 힘을 기울였다. 라에네크도 환자의 몸에 귀를 대고 소리를 들어서 진찰하는 방법을 주로 이용하였으나, 그다지 좋은 결과를 얻지 못하는 경우도 많았다. 소리가 너무 작거나 제대로 들리지 않는 경우가 적지 않았던 것이다.

어느 날 길을 걷던 그는 어린아이들이 통나무를 사이에 두고 놀이를 하는 장면을 보았는데, 한쪽 아이가 통나무를 두드리거나 못으로 긁으면, 다른 편 아이는 통나무에 귀를 대고 소리를 듣고 있었다. 라에네크도 호기심이 생겨서 체면을 무릅쓰고 통나무에 귀를 대보니, 소리가 크고 똑똑하게 전달되는 것을 알 수 있었다.

여기서 힌트를 얻은 그는 곧장 집으로 달려가 나무막대기를 깎아서 가족들의 가슴에 대어보았다. 심장의 고동 소리가 더 크고 또렷하게 들렸다. 라에네크는 이것을 개량하여 환자의 숨소리나 박동 소리를 듣기에 적합한 긴 원통형의 '가슴검사기'를 고안했다. 이것이 청진기의 원조이다.

라에네크의 가슴검사기는 환자의 진단에 탁월한 효력을 발휘했다. 그의 병원에서는 수많은 폐결핵 환자, 심장병 환자들의 병명을 조기에 알아낼 수 있었다. 그는 1819년에 자신의 오랜 연구를 모아서 『심장과 허파의 병을 귀로 들어서 진단하는 법』이라는 책을 내었다. 하지만 그는 진찰과 연구에 너무 무리한 나머지 자신도 폐결핵에 걸려서 1826년 45세의 젊은 나이로 세상을 떠났다.

최초의 근대적 진단기구인 청진기의 영어명인 스테토스

코프(Stethoscope)는 그리스어로 '가슴을 본다'는 의미로서, 물론 라에네크가 붙인 이름이다. 그러나 라에네크의 가슴 검사기, 즉 청진기가 모든 의사와 환자로부터 환영받은 것은 아니었다. 환자 중에는 청진기를 보면 너무 겁을 먹고 두려워하는 이들도 있었다. 일부 의사는 청진기에 의존하여 환자를 진료하면 의사가 아닌 기능공 취급을 받을지도 모른다면서 반대하였고, 심지어 청진기를 사용해야만 할 정도로 귀가 나쁘냐면서 비난하는 이도 있었다. 그러나 라에네크는 의사가 청진기를 거부하는 것은 시대착오적이라 반박하였다.

이후 청진기는 개량을 거듭하여, 라에네크가 죽은 후인 1829년에 영국에서는 딱딱하고 굵은 원통형이 아닌 가늘고 휘어진 모양의 청진기가 나오게 되었다. 그리고 한쪽 귀로만 들을 수 있던 청진기에서 발전하여, 1852년에 미국에서는 두 귀로 들을 수 있는 청진기(Binaural stethoscope)가 개발되었다. 환자의 신체에 접촉하는 종 모양의 부분에 두 개의 고무관을 귀에 연결하는 오늘날과 같은 모양을 선보인 것이다. 이후 청진기에 소리를 확대하기 위한 마이크도 추가되었다.

20세기 이후에는 X선 진단법, 컴퓨터단층촬영(CT), 자기공명영상(MRI) 등 첨단과학기술에 힘입은 진단기기들이 속속 등장하면서 청진기의 비중은 예전에 비해 많이 줄어든 듯하다. 그러나 '의사의 이미지' 하면 흰 가운에 청진기를 든 모습을 떠올릴 정도로 여전히 청진기는 중요한 위치를 차지한다.

술의 양을 알기 위한 맥주통 두드리기와 어린이들의 통나무 소리 전달 놀이가 타진법과 청진기의 발명이라는 근대 의학의 발전으로 이어질지는 아무도 몰랐을 것이다. 그러나 이 역시 단순한 우연이나 행운으로만 볼 수 없으며, 이러한 힌트를 적절히 활용할 줄 알았던 사람들의 공로가 크다.

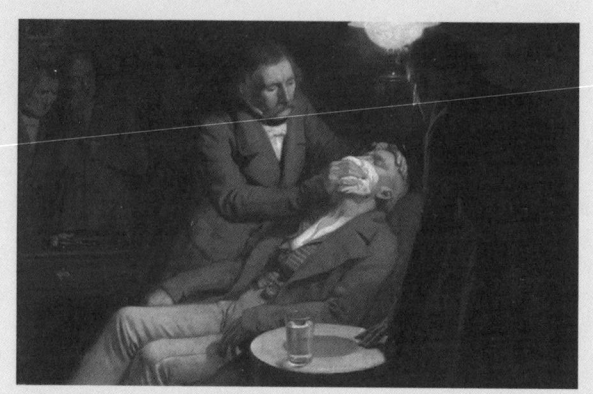

에테르를 마취제로 사용한 모튼

고통을 없애는 약
마취제의 역사

마취제가 없던 시절의 외과수술은 참으로 끔찍했을 것이다. 환자의 고통은 말할 것도 없고, 그것을 무릅쓰고 수술하지 않으면 안 되는 의사나, 환자가 요동을 치지 않도록 곁에서 억세게 붙잡는 역할을 하던 힘 좋은 남자 간호사들에게도 여간 힘든 일이 아니었을 것이다.

대마나 아편 같은 자연산 마약이 고통을 덜기 위하여 쓰였고, 알코올 함량이 높은 독한 술을 마셔서 정신을 못 차리게 만드는 방법도 있었으나 그다지 구실을 하지는 못하였다. 수술 도중 환자가 고통을 이기지 못하고 쇼크로 죽는 경우도 많았고, 수술 전에 '저런 고통을 당할 바에야 차

라리 죽는 게 낫겠다'는 생각을 한 사람도 적지 않았다. 그러나 마취제다운 마취제는 19세기에 이르기까지 개발되지 못했다.

영국의 과학자 험프리 데이비(Humphry Davy, 1778-1829)는 여러 기체의 특성을 연구하던 중 웃음가스로 알려진 아산화질소(N_2O)에 관심을 갖게 되었다. 스스로 이 기체를 마셔본 결과, 기분이 좋아지고 술에 취한 듯 몽롱해지며 일시적으로 의식을 잃기도 한다는 사실을 발견하고 학회에 발표하였다.

다른 학자가 어느 젊은 부인에게 그것을 마셔보도록 한 결과, 품위 있고 점잖기만 하던 부인이 갑자기 콧노래를 흥얼거리며 집 밖으로 뛰쳐나가 길가를 뛰어다니는 등 평소와 너무 다른 행동을 서슴지 않아서 사람들을 놀라게 하였다.

데이비가 이 기체를 수술용 마취제로 이용하려 했는지는 알 수 없으나, 그 후 웃음가스는 의료용이 아니라 오락용으로 자주 이용되었다. 마치 가면무도회를 즐기는 것처럼 파티에 손님들을 모아놓고 장난삼아서 웃음가스를 함께 마시는 일이 많았다. 다들 기분이 유쾌해지는 것까지는 좋았으나 장난이 지나쳐서 불상사가 생기는 경우도 더러 있었다고 한다.

미국의 코네티컷 주에서 치과의사로 일하던 웰즈(Horace Wells, 1815-1848)는 여러 사람과 함께 웃음가스 아산화질소를 마시는 장난을 하였는데, 한 청년이 들떠서 소란을 피우다가 넘어지는 바람에 다리에 부상을 입었다. 그런데 청년은 상당한 피를 흘리고도 통증을 느끼지 못하다가, 웃음가스의 효과가 다한 후에야 통증을 느끼는 것 같았다.

이를 본 웰즈는 치과의사답게 발치(拔齒)할 때 이 기체를 이용하면 통증이 없겠다는 생각을 하였다. 자신의 충치를 통증 없이 뽑아본 웰즈는 한 종합병원에서 이 실험을 공개적으로 실시해보기로 했다. 그런데 충치 환자의 이를 뽑는 과정에서 웃음가스 양이 적었는지 아니면 마취 효과가 돌기 전에 발치한 때문인지 환자가 고통을 호소하며 아우성쳤다. 이 일로 웰즈는 사기꾼으로 몰리고 치과 일마저 그만두게 되었다.

그러나 웰즈의 실험을 지켜보았던 다른 치과의사 모튼(William Thomas Green Morton, 1819-1868)이 마취제를 이용하여 발치하는 연구를 계속하였다. 그는 친구의 조언을 듣고 아산화질소 대신 에테르를 마취제로 이용하기로 하였다.

1846년 9월 30일, 모튼은 에테르를 이용하여 환자에게 통증을 느끼지 않게 하고 발치하는 데 성공하였고, 목 종양 제거 수술에도 에테르 마취를 시험하여 공개적으로 검증을 받았다. 그 후 에테르는 우수한 마취제로 소문이 나서, 큰 외과수술에 널리 이용되었다.

에테르를 이용한 수술법은 영국에도 전파되었다. 외과 의사였던 심프슨(James Young Simpson, 1811-1870)은 에테르를 이용하여 여성들이 고통 없이 분만할 방법을 연구해보기로 하였다. 그러나 에테르에는 적지 않은 부작용이 있었다. 그는 부작용이 덜하면서도 우수한 효과를 지닌 다른 마취용 물질을 찾아보았다. 여러 물질을 시험해본 결과 클로로폼(Chloroform)이 마취 효과가 좋다는 사실을 발견하였다.

심프슨은 왕립병원에서 클로로폼으로 마취하는 외과수술을 성공리에 마쳤고, 이를 발전시켜서 클로로폼을 이용한 무통분만법을 제시하였다. 심프슨의 무통분만법은 종교적 이유 등으로 사람들의 비판을 받았으나, 그는 마취제 사용의 정당성을 역설하고 그 보급에 힘썼다.

나중에는 영국의 빅토리아 여왕도 분만 시에 클로로폼을 쓰기에 이르렀다. 그러나 클로로폼에서 부작용과 독성이 발견되면서 오늘날에는 마취제로 쓰이지 않고, 살충제나 곰팡이 제거제, 공업용 용제 등 다른 용도로 더 많이 쓰인다.

처음에는 파티의 흥을 돋우어주는 엉뚱한 장난으로 이용되던 마취 작용 물질들이 수술 시 통증을 없애주는 귀중한 약품으로 자리 잡았다. 그동안 성능 좋은 마취제들이 많이 개발되었는데, 전신마취용과 국소마취용이 있고 투여 방법도 흡입, 정맥주사 등으로 구분되며 작용 양태와 적용 방법에 따라 무척 다양하다. 마취제 이용과 더불어 의학 기술 역시 큰 발전을 이루었다. 마취제는 인류의 은인으로서 오늘날에도 크고 작은 수술에 널리 이용되고 있다.

공기타이어를 발명한 수의사 던롭

스포츠과학의 선구자, 공기타이어

올림픽이나 각종 종목별 세계대회 등 국제적인 스포츠 행사는 첨단 스포츠과학의 경연장이기도 하다. 테니스나 배드민턴 선수가 사용하는 라켓, 육상선수가 착용하는 운동화 그리고 축구공, 골프공 등 각종 스포츠용품에는 첨단과학기술이 접목되어 선수들의 기록 단축과 경기력 향상을 돕고 있다.

그러나 이러한 첨단 스포츠용품의 발달은 선수 개인 기량보다 과학기술에 더 의존한다는 논란을 부르기도 한다. 대표적인 경우가 몸 전체를 감싸는 전신수영복이다. 이는 상어비늘의 원리를 적용한 생체모방 기술로서 물의 저항

감소와 부력 증가에 효과가 크다. 수영선수들이 앞다퉈 전신수영복을 착용한 2000년 이후 올림픽과 수영선수권대회마다 세계신기록이 쏟아져 나왔다. 그러자 세계 수영연맹은 2010년 이후 전신수영복을 금지했다.

오래전에도 이러한 첨단기술에 힘입어 대회에서 압도적으로 우승한 사례가 있다. 1895년 영국 자전거 경주대회이다. 15대의 자전거가 동시에 출발선을 나선 지 얼마 되지 않아서, 한 선수의 자전거가 다른 자전거들을 훨씬 앞질러서 쏜살같이 내달렸다. 마치 어린아이와 어른의 경주처럼 다른 선수들은 도무지 상대가 되지 않았다. 그 광경을 본 관중들과 선수들은 크게 놀라지 않을 수 없었다. 경기에 참가한 선수들 모두 당당한 실력과 관록을 지닌 사람들이었으므로, 기량 차이가 그토록 심할 것이라고는 전혀 예상하지 못했다.

우승은 말할 것도 없이 그 선수의 차지였고, 경기가 끝난 후 그 비결을 묻는 많은 사람에게 그는 자신이 탔던 자전거의 비밀을 털어놓았다. 다른 선수들의 자전거 바퀴는 모두 타이어 속까지 고무로 차 있었으나, 그의 자전거 바퀴는 공기타이어를 장착하고 있었고 그처럼 빨리 달리는 것은 당연하였던 것이다.

공기타이어를 발명하고 널리 실용화시킨 인물은 기계기술자나 관련 분야 과학자가 아니다. 뜻밖에도 수의사라는 직업을 가졌던 영국의 던롭(John Boyd Dunlop, 1840-1921)이다. '필요는 발명의 어머니'라는 격언에 걸맞게, 마차로 왕진을 자주 다녔던 그는 안락한 왕래를 위한 방안을 고심하던 중 공기타이어를 발명하기에 이르렀다.

수의사 던롭은 에든버러 어빈즈 아카데미를 졸업한 후, 1862년 북아일랜드의 벨파스트에서 가축병원을 개업하였는데, 먼 곳까지 왕진을 다니는 경우가 많았다. 주로 마차를 타고 다녔는데 험하고 울퉁불퉁한 시골길을 달릴 때마다 쇠 바퀴를 단 마차는 크게 흔들렸고, 던롭은 떨어질 뻔한 적도 많았다. 한번은 마부에게 바퀴를 더 부드럽게 만들어서 안전하게 달릴 수 없겠느냐고 묻자, 마부는 바퀴가 딱딱하지 않으면 쉽게 부서져버리지 않겠느냐고 반문하였다. 이후 던롭은 안전하고 부드럽게 달리면서도 튼튼한 바퀴를 만들 방법을 자주 생각해보았으나, 마땅한 방법을 찾지 못하였다.

던롭이 수의사로 일한 지 20년이 다 되어서 어느 집에 왕진을 갔다가 우연히 집주인으로부터 런던에서는 고무를 단 바퀴가 자전거에 쓰인다는 얘기를 들었다. 오랫동안 바퀴에 대해 생각해오던 그는 집으로 돌아온 즉시 아들의 세발자전거를 꺼내어 자전거 바퀴를 고무호스로 감아보는 실험을 하였으나 신통치 않았다. 그는 다시 고무호스 안을 헝겊으로 채워보는 등 여러 시도를 하였으나 결과는 만족스럽지 않았다.

탄력 있고 부드러운 바퀴를 만들기 위하여 고무 안을 무엇으로 채우면 좋을까 고민하던 그는 아들의 축구공에 바람을 넣어주다가 무릎을 탁 치게 되었다. 공기를 고무호스 안에 가득 채우면 된다는 생각이 떠오른 것이다. 던롭은 고무 튜브를 이용하여 공기타이어를 만드는 데 매달렸다. 처음에는 튜브가 쉽게 터지는 등 어려움이 많았으나 각고의 노력 끝에 오늘날과 같은 공기타이어를 완성시켰다. 그가 더 나은 바퀴를 구상한 지 26년 만인 1888년의 일이다. 사실 공기타이어의 원리는 톰슨(Robert William Thomson, 1822-1873)이 오래전에 구상하여 1845년에 특허까지 취득한 상태였다. 그러나 던롭은 이러한 사실을 모르고 독자적으로 시행착오를 거듭한 끝에 공기타이어를 개발, 제작했다.

던롭의 친구들은 공기타이어와 같은 훌륭한 발명품을 사업화하면 크게 성공할 거라고 조언하였다. 이를 받아들인 던롭은 자신이 발명한 공기타이어를 사업화하기 위하여 던롭 러버회사를 설립하여 보급에 힘썼다. 당시에는 주로 자전거 바퀴용으로 보급하였는데, 광고를 위한 매스미디어가 발달하지 못한 시대였으므로 대중적으로 빠르게 보급되지는 못하였다. 1880년대 후반에서 1890년대 초반, 자동차 발명의 선구자 벤츠(Karl Benz, 1844-1929), 다임러(Gottlieb Wilhelm Daimler, 1834-1900)가 가솔린자동차를 개발하던 초기에도 쇠바퀴가 그대로 쓰였다. 그러나 앞에서 언급한 1895년 영국 자전거 경주대회를 계기로 세상에 널리 알려졌다.

공기타이어의 우수성이 입증되자 가솔린자동차에도 공기타이어를 이용하였다. 특히 미국의 포드(Henry Ford, 1863-1947)가 자동차를 대량으로 생산하자, 공기타이어 역시 대중적으로 보급되었다. 던롭 러버 사는 그 후 말레이시아, 나이지리아 등지에서 고무농장을 경영하는 등, 세계적인 타이어회사로 성장했다. 오늘날 교통수단 혁명 시대에도 공기타이어는 없으면 안 되는 필수 부품의 하나로서 중요한 위치를 차지하고 있다.

(2부)

위대함과 천재성의 비결

스위스 특허청 심사관으로 근무했던 1905년의 아인슈타인

기적의 해
— 뉴턴의 1666년, 아인슈타인의 1905년

 이공계 분야에서 연구개발 활동을 해본 사람은 잘 알겠지만, 남다른 탁월한 업적을 이룩하고 우수한 논문을 내기란 여간 어려운 일이 아니다. 특히 해당 분야의 패러다임을 바꿀 정도로 획기적인 논문을 평생 한 번이라도 낸다면 그는 크게 성공한 과학기술자일 것이다. 과학 분야 노벨상 수상자 중에서도 크게 주목받는 단 한 번의 업적으로 노벨상을 거머쥔 경우가 적지 않다.

 그런데 이처럼 과학의 방향을 좌지우지할 만큼 획기적인 연구나 논문을 일생에 한두 번도 아니고 한 해에 몇 차례씩 쏟아낸다면? 그는 과학에서만큼은 초인(超人)이라 불려도 어색하지 않을 것이고 그해는 '기적의 해'라 부를 수 있을 것이다.

과학의 역사에서 이러한 기적의 해(Annus mirabilis)는 두 차례가 있었다. 이를 만들어낸 첫 번째 주인공은 뉴턴(Isaac Newton, 1642-1727)이고, 두 번째 주인공은 아인슈타인(Albert Einstein, 1879-1955)이다. 두 사람은 물리학의 역사, 아니 과학사 전체를 놓고 보더라도 쌍벽을 이루는 가장 위대한 과학자로 꼽을 만한데, 기적의 해 역시 묘하게도 닮아 있다.

첫 번째 기적의 해는 1666년이었다. 근대과학을 완성한 뉴턴의 가장 큰 업적을 세 가지로 요약하자면 만유인력 법칙의 확립, 미적분법의 발견, 광학의 체계화인데, 이 모두가 1666년에 태동하거나 이루어졌다. 이 세 가지 중에서 한 가지 업적만 이룩했어도 뉴턴은 한 시대를 풍미한 위대한 과학자로 길이 이름을 남겼을 것이다.

만유인력과 운동 법칙의 발견으로 고전적 역학 체계가 확립되었을 뿐 아니라, 이전부터 시작된 과학혁명이 완성되었다고 과학사학자들은 평가한다. 뉴턴의 고전역학, 즉 뉴턴과학은 이후 수백 년 동안 서양 과학의 굳건한 패러다임으로 자리를 잡아왔다. 심지어 21세기인 오늘날에도 우리가 '눈으로 확인할 수 있는 수준의' 거의 모든 역학 현상은 뉴턴역학을 적용하여 풀이할 수 있다.

미적분법은 오늘날 수학, 물리학뿐 아니라 전기전자공학, 기계공학 등 대부분의 공학 분야에서도 필수 요소이다. 가끔 언론지상에서 '미적분도 모르는 이공계 대학 신입생'이라는 식의 질타 기사가 나오듯이, 미적분법 없이 물리학, 공학을 연구한다는 것은 총을 들지 않고 전쟁터에 나가는 것에 비유되곤 한다. 물론 미적분법의 최초 발견자를 놓고 동시대 수학자 라이프니츠(Gottflied Wilhelm Liebniz, 1646-1716)와 오랜 우선권 논쟁을 벌인 것은 유명한데, 누가 먼저이든 뉴턴이 독자적으로 미적분법을 발견한 것은 명확한 사실이다.

광학의 체계화 역시 앞의 두 가지 못지않게 중요한 업적이다. 2015년은 '세계 빛의 해(International Year of Light and Light-based Technologies)'였는데, 이슬람의 과학자 이븐 알 하이삼(Abu Ali al-Hasan Ibn al-Haitham, 965-1040)의 『광학의 서』가 나온 지 약 1,000년, 빛의 파동이론이 나온 지 200년을 기념하는 해였다. 뉴턴 이전까지 광학 분야는 중세에 이룩된 알 하이삼의 업적에서 그다지 진전이 없는 상태였으나, 뉴턴은 여러 실험과 이론을 통해서 빛의 성질을 밝혀내고 광학의 발전에 크게 기여했다.

물론 뉴턴이 1666년 한 해에 위의 모든 이론을 완성해 발표한 것은 아니고, 공식적으로 저서 등을 통해 발표한 것은 그보다 훨씬 후의 일이다. 그러나 영국에서 페스트가 크게 유행하면서 대학이 일시 폐쇄되어 고향으로 돌아와 대부분 시간을 사색과 실험으로 보내던 1665년에서 1666년 사이가 자신의 생애에서 가장 중요한 시절이었다고 뉴턴 스스로 밝힌 바 있다. 후세의 과학사가들도 그의 위대한 업적들이 싹트고 체계화되었을 이 시기를 '황금의 18개월'이라 부르기도 한다.

두 번째 기적의 해인 1905년은 아인슈타인이 특수상대성이론, 광량자설, 브라운 운동의 해석 등 중요한 업적들을 이룩한 해이다. 아인슈타인은 현대물리학의 발전에 결정적 영향을 끼친 이 세 가지 논문을 한 해에 모두 쏟아내었다. 더구나 당시 아인슈타인은 연구 활동에 전념할 수 있는 대학교수나 연구원 신분이 아니라, 스위스 베른의 특허청에서 특허 심사를 하는 일이 본업이었다. 낮에는 특허청 심사관으로 일하고 퇴근 후에 연구 논문을 작성하여 불후의 업적을 내었으니, 아인슈타인의 1905년은 더욱 기적적인 해라 하겠다.

특수상대성이론은 광속 불변의 원리를 바탕으로 뉴턴 고전역학의 절대적인 시공간 개념을 깨뜨리고, 기존에 모순된 것처럼 보였던 역학과 전자기학을 통일된 체계로 설명할 수 있게 한 업적이다. 여기서 파생된 유명한 공식인 $E=mc^2$, 즉 질량-에너지 등가 원리는 훗날 원자폭탄과 원자력 발전의 기본 원리를 제공하게 되었다.

특수상대성이론보다 앞서 나온 광량자설에 관한 논문은 빛이 연속적인 파동의 형태로서 퍼져나가는 것이 아니라, 광자(Photon)라는 에너지의 덩어리로서 불연속적인 입자처럼 운동한다고 밝힌 것이다. 이것은 플랑크(Max Karl Ernst Ludwig Planck, 1858-1947)의 양자화 가설을 빛의 본질에 적용했다는 점에서 큰 의의가 있으며, 또한 기존 이론으로는 제대로 해석하기 어려웠던 광전효과 현상도 잘 설명할 수 있다. 이 업적으로 그는 1921년도 노벨물리학상을 수상했고, 2009년도 노벨물리학상을 낳은 CCD(Charge Coupled Device, 전하결합소자) 역시 이와 밀접한 관련이 있다.

브라운 운동에 관한 논문은 원자의 존재 및 본질과 관련 있다. 아인슈타인은 원자나 입자의 충돌 효과라는 통계역학적 방법론을 적용해 브라운 운동을 수학적으로 매끈하게 풀이함으로써, 원자의 실재에 대한 해묵은 논쟁을 끝낼 토대를 제공했다.

1905년에 나온 아인슈타인의 세 논문은 기존 19세기 물리학이 해결하지 못했던 문제들을 일거에 명쾌히 풀어내면서 20세기 현대물리학에 새로운 지평을 열었다는 점에서 상당히 공통적인 면이 있다. 이로부터 100주년이 된 2005년은 '세계 물리의 해(World Year of Physics)'로서, 국내외에서 여러 기념행사와 이벤트가 진행된 바 있다.

21세기에서 20년이 더 지난 오늘날에도 아인슈타인의 업적들은 과학기술의 여러 분야에 걸쳐서 여전히 위력을 발휘하고 있다. 먼저 상대성이론을 빼놓고서는 만물의 궁극과 우주의 근원을 밝히는 입자물리학과 우주론은 논의조차 할 수가 없을 뿐 아니라, 우리 일상생활과도 의외로 관련이 깊다. 휴대전화와 자동차용 항법장치에 위치정보 등을 제공하는 GPS 위성은 상대성이론을 적용해서 시간의 오차를 정확히 보정해주어야만 지구상의 시계와 똑같은 시간을 지녀서 제 기능을 발휘할 수 있다.

아인슈타인이 광양자설 통하여 밝힌 광전효과 역시 우리 주변에서 숱하게 응용되고 있다. 태양전지, 디지털카메라 등이 광전효과를 활용한 것일 뿐 아니라, 음주운전자에게는 달갑지 않은 음주측정기 또한 알코올과 반응하는 특수한 가스의 광전효과를 이용한 것이다. 오늘날 여러 분야에 걸쳐서 각광을 받는 나노과학기술 역시 아인슈타인이 브라운 운동의 해석을 통하여 원자와 분자의 실재를 입증하지 못했더라면 그 개념조차 나올 수 없는 것이다.

그렇다면 앞으로도 1666년이나 1905년과 같은 기적의 해가 다시 나올 수 있을까?

현대 과학기술의 특성상 한두 명의 천재적인 과학자에 의해 과학의 패러다임이 바뀌는 '과학계 영웅시대'는 이제 종언을 고했다고 보는 견해가 많다. '기적의 해'는커녕 뉴턴이나 아인슈타인 같은 슈퍼스타도 이제는 나오기 힘들지 않을까 하는 것이 나의 생각이다.

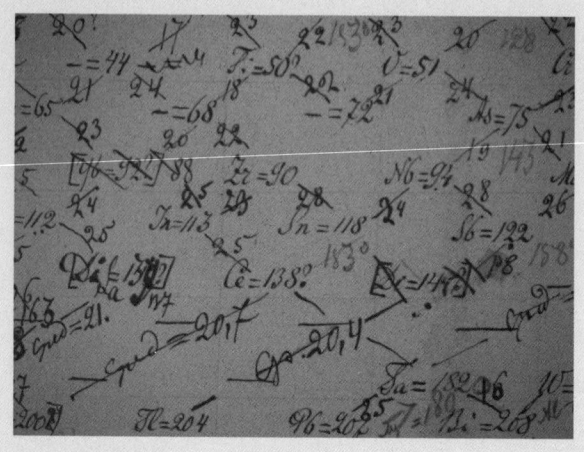

멘델레예프가 손으로 작성한 원소주기율표
ⓒ Scotted400

과학자의 예언과 점쟁이의 차이는?

점쟁이도 아닌 과학자가 미래를 예언한다는 것은 어울리지 않아 보인다. 그러나 아무 근거 없이 멋대로 앞날을 예언하는 것이 아니라, 철저하게 '과학적 근거'에 바탕을 두고 미래에 발견될 사항을 미리 예측한다면, 과학자의 예언은 어떤 용한 점쟁이보다 존중받아야 마땅하다. 또한 과학자들의 예언이 그대로 들어맞은 역사적 사례는 대단히 많다.

맥스웰 방정식을 완성한 영국의 물리학자 맥스웰(James Clerk Maxwell, 1831-1879)이 이를 근거로 전자기파의 존재를 예언한 것은 잘 알려져 있다. 또한 아인슈타인(Albert Einstein, 1879-1955)이 일반상대성이론을 통하여 100년 전 예견하였다가 2016년에 실제로 관측되어서 화제가 된 중력파 역시 대표적인 경우이다. 이 밖에도 반입자, 중성미자, 힉스입자 등 각종 소립자 역시 먼저 예측이 된 경우이며, 물리학의 발전에서 수학적으로 먼저 예측하고 실험을 통하여 나중에 검증되는 것은 매우 정형화된 경우로, '예언'이라기보다 가설 또는 이론적 성과라고 부르는 것이 더 타당할지 모르겠다.

또한 천문학에서도 관측 결과를 바탕으로 혜성의 출현을 정확히 예언한 사례가 있다. 에드먼드 핼리(Edmond Halley, 1656-1742)가 예측한 핼리혜성이다. 그는 여러 혜성의 궤도를 자세히 관측하여 그 결과를 발표하였는데, 그중 하나가 아주 주기적으로 태양계에 접근하였음을 밝혔다. 즉 1531년, 1607년, 1682년에 나타난 대혜성의 궤도는 매우 비슷한 것으로 보아서 하나의 동일한 혜성일 것이며, 그 주기는 75~76년이기 때문에 1758년경에 다시 태양 주위에 나타날 것이라고 예언하였다. 이 대혜성이 그의 이름을 딴 핼리혜성이다. 그는 이 혜성의 출현을 보지 못하고 세상을 떠났지만, 그의 예측대로 1758년에 독일의 아마추어 천문가가 그 혜성을 발견하여 태양계를 여행하는 혜성들의 정체가 정확히 밝혀졌다.

물리학, 천문학에서의 이론적 예측 또는 관측 결과를 통한 예측과는 약간 다른 경우로서, 원소주기율표를 완성한 멘델레예프(Dmitri Ivanovich Mendeleev, 1834-1907)가 있다. 오늘날 고등학교 교과서를 비롯하여, 모든 화학 교과서의 표지 안쪽에는 '원소주기율표'라는 것이 예외 없이 소개되어 있다. 수많은 원소의 이름이 가로 세로로 배열된 이 익숙한 그림표가 무엇을 의미하는지 대부분 잘 알 것이다.

이와 같이 원소의 주기적 특성을 파악하여 원소주기율표를 처음 작성한 사람은 멘델레예프라는 러시아의 과학자이다. 현대과학의 발전에 힘입어 원자의 구조가 철저히 밝혀지고 원소들의 특성을 잘 이해하게 된 오늘날에는 이런 주기율표가 뭐 그리 대단하냐고 생각할지도 모른다.

하지만 멘델레예프가 원소주기율표를 작성하여 발표한 것은 1869년의 일로, 당시에는 원소를 구성하는 원자의 구조를 알기는커녕, 원자라는 것이 실제로 존재하는지에 대해 많은 과학자가 의심하던 형편이었다.

더구나 110개 이상의 원소가 밝혀진 오늘날과 달리 당시에는 고작 63개 원소만 발견되었다. 물론 원자번호 92인

우라늄 후로 인공적으로 만들어진 원소들은 오늘날에도 자연 상태로는 찾아보기 힘들다. 하지만 자연 상태 원소에서도 30개에 가까운 '공백'이 있었던 당시에 상당히 정확한 원소주기율표를 만들었다는 것은 놀라운 일이며, 시대를 앞선 그의 과학적 식견과 예리한 통찰력을 찬양하지 않을 수 없다.

물론 멘델레예프 전에도 여러 원소 사이의 유사한 특성과 규칙성을 일부 발견한 화학자들이 있기는 했으나, 멘델레예프처럼 체계적으로 밝혀서 주기율표를 고안한 사람은 없었다. 그가 원소주기율표를 작성할 수 있었던 것은, 여러 원소를 원자량의 순서에 따라 늘어놓아 본 것이 계기가 되었다. 가장 가벼운 수소부터 시작하여 차례로 원소들의 이름이 적힌 카드를 배열한 결과, 원소들의 성질이 주기적으로 놀랄 만큼 비슷하게 나타난다는 신기하고도 재미있는 사실을 발견한 것이다.

그 후 멘델레예프는 여러 연구와 각고의 노력 끝에 원소주기율표를 작성하여 학회에서 발표하였다. 그의 주기율표는 당시까지 발견된 63개 원소뿐만 아니라, 그때까지 발견되지 않은 새로운 원소들의 위치까지 미리 비워서 '지정'

해두었고, 미발견 원소들의 원자량이나 여러 특성도 예측하였다. 그는 미발견 원소들을 같은 족의 다른 원소 이름을 따서 '에카 붕소', '에카 알루미늄' 같은 식으로 불렀으나, 그에 반대하는 학자들은 "확인되지도 않은 사실을 가지고 멋대로 예언하는 것은 과학자가 아닌 점쟁이들이나 할 일"이라고 비난하였다.

그러나 수년 후부터 그가 에카 알루미늄이라 불렀던 갈륨(Ga), 에카 규소라 지칭했던 게르마늄(Ge) 등이 잇달아 발견되고 그 성질도 멘델레예프의 예측과 놀라울 정도로 일치하였으므로, 사람들은 그의 뛰어난 과학적 통찰력에 다시금 놀랐다. 그 후로도 새로운 원소들이 발견되어 드디어 모든 빈자리가 채워지고, 헬륨을 비롯한 불활성기체들도 추가되어, 오늘날과 같은 형태의 원소주기율표가 완성되었다.

원자의 구조도 알지 못했던 시대에 원소주기율표를 고안해서 발표하고 미발견 원소들까지 정확히 예언했던 멘델레예프는 화학의 발전을 수십 년, 아니 백 년 이상 앞당긴 선구자로 길이 기억될 것이다.

19세기의 탁월한 물리학자였던 마이클 패러데이
ⓒwellcomecollection.org / CC-BY-4.0

마이클 패러데이는
실험에만 뛰어났을까?

영국의 위대한 과학자 마이클 패러데이(Michael Faraday, 1791-1867)는 여러모로 존경받는 인물이다. 정규 교육을 거의 받지 못하고 제본공 등을 전전하면서도 과학자의 꿈을 버리지 않고 매진한 끝에, 당대 최고의 과학자가 된 그의 인생 이야기는 감동적이다. 또한 그를 과학자의 길로 이끌어준 험프리 데이비(Humphry Davy, 1778-1829)의 질시와 견제를 뚫고서 스승을 능가하게 된 것은 청출어람(靑出於藍)의 대표적 사례로 거론된다.

그러나 패러데이의 업적과 아울러 그에 대해 다시 조명할 부분들이 있다. 먼저 그가 실험에는 뛰어났지만 이론에는 서툴렀다는 평가가 과연 옳은가 하는 점이다. 패러데이는 정식 수학교육을 거의 받지 못한 탓에 당대의 동료 과학자들로부터 "패러데이 선생은 실험가로는 최고지만 이론가로는 낙제"라는 평을 자주 들었고, 후대의 과학자들 역시 비슷한 견해를 피력하였다. 탁월한 SF 작가이자 과학 저술가였던 아이작 아시모프(Isaac Asimov, 1920-1992)도 『아시모프 박사의 과학 이야기』라는 책에서 패러데이를 실험에만 뛰어나고 이론에는 취약했던 과학자의 대표적 예로 언급한 바 있다.

그러나 커다란 의문이 남는다. 그가 수학적 표현에는 다소 서툴렀다는 면은 인정하다 하더라도, 이론에 취약한 과학자가 과연 숱한 중대한 발견을 이룩하고 과학 법칙들을 정립하는 것이 가능할까? 그는 염소의 액화, 벤젠의 발견 등 화학 분야에서도 여러 업적을 남겼지만 물리학, 특히 전자기학 분야에서는 중요한 발견들을 무더기로 하였다. 전자기유도(패러데이의 법칙)의 발견, 발전기의 발명, 전기분해 법칙 발견이 대표적이지만, 그 밖에도 너무 많아서 일일이 열거하기 어려울 정도이다. 독일의 어느 물리학자는 "패러데이는 진리의 냄새를 맡는 코를 가지고 있는 것이 틀림없다"라고 칭송한 바 있다. 만약 그 당시에 노벨상이라는 제도가 있었다면 그는 이 상을 몇 번 수상하고도 남았을 것이다.

물론 오늘날에도 그렇지만 당시의 물리학 이론들이 대부분 수학적 방식으로 표현되었기 때문에, 다른 물리학자들이 수학적 언어가 아닌 방식으로 표현되는 패러데이의 이론을 제대로 이해하기 힘들었을 가능성은 있다. 이와 관련하여, 패러데이의 업적을 바탕으로 전자기학을 집대성하고 체계화한 물리학자 맥스웰(James Clerk Maxwell, 1831-1879)을 함께 조명해볼 필요가 있다.

패러데이와 맥스웰, 두 사람은 여러 가지 면에서 대조적인 인물로 얘기된다. 자수성가한 패러데이와 달리, 부유하고 교육열이 높은 집안에서 자란 맥스웰은 어려서부터 좋은 교육을 받고 케임브리지대학 등 명문대학에서 공부했다. 또한 맥스웰은 어린 나이에 당대의 어려운 수학 문제를 해결하여 세상을 놀라게 했을 만큼 수학에도 천재적인 재능을 지닌 물리학자이다.

맥스웰이 그 유명한 '맥스웰 방정식(Maxwell Equation)'을 세우면서 패러데이에게 의견을 묻는 편지를 보냈을 때, 패러데이는 이론을 수학적으로 표현한 그 공식을 처음에는 제대로 이해하지 못했다고 한다. 그러나 두 사람은 함께 전기력선과 자기력선의 전달, 전자기파의 존재에 대해 연구해왔다. 두 사람은 주로 편지를 통하여 서로의 생각을 주고받으며 상대방을 격려하기도 했는데, 40년의 나이 차를 넘은 두 과학자의 아름다운 우정은 후세에 귀감이 된다.

맥스웰은 다음과 같이 말한 바 있다. "패러데이와 함께 연구하는 동안, 나는 그의 방법이 비록 수학적 기호의 형식을 갖추지는 않았지만 역시 수학적이라는 것을 깨달았다." 즉 패러데이가 실험에만 뛰어난 것이 아니라, 이론가로서도 탁월했음을 정확히 꿰뚫어본 것이다. 전기력선과 자기력선이 고무줄과 같은 파동의 형태로 전달될 수 있다는 패러데이의 '이론'은 결국 맥스웰에 의하여 수학적 표현으로 완성되었고, 오늘날 맥스웰의 방정식이라 부르는 중요한 공식이 탄생하여 전자기파라는 파동의 존재를 예언하고 빛도 전자기파의 일종임을 알 수 있게 되었다.

따라서 패러데이가 이론에는 서툴렀다는 것은 잘못된 편견이며, 앞에서 언급한 아시모프 박사조차도 기존의 편견에서 자유롭지 못했던 듯하다. 수학의 대가였던 맥스웰이 역설적으로 패러데이 이론의 가치를 제대로 발굴했다면, 패러데이의 수학 실력을 폄하했던 당대의 다른 물리학자들이야말로 실력을 제대로 갖추지 못했던 것은 아닐까?

다재다능했던 물리학자 리처드 파인만

팔방미인의 물리학자
리처드 파인만

"20세기 이후의 물리학자 중에서 아인슈타인(Albert Einstein, 1879-1955) 다음으로 뛰어난 인물은 누구일까?"라고 묻는다면, 나는 단연코 리처드 파인만(Richard Phillips Feynman, 1918-1988)을 꼽을 것이다. 파인만은 자신의 주요 전공인 이론입자물리학뿐 아니라 다른 분야에서도 두루 두각을 보였으며, 특히 나노과학기술, 양자컴퓨터 등 21세기에 크게 각광받는 새로운 첨단과학기술이 탄생하는 데 큰 기여를 하였다.

뉴욕 시 퀸즈에서 1918년에 태어난 파인만은 MIT를 졸업하고 프린스턴대학에서 박사학위를 받았으며, 제2차 세계대전 중에는 원자폭탄을 개발한 맨해튼 프로젝트에 참여했다. 그가 주로 연구한 분야인 양자전기역학(Quantum electrodynamics)은 전자와 전자기장의 성질 및 상호작용을 양자역학의 입장에서 설명하는 것으로, 소립자 이론물리학의 선구적 역할을 해왔다. 그는 이른바 재규격화이론(Renormalization theory)을 전개하여 양자전기역학을 발전시킨 공로를 인정받아, 같은 분야에서 업적을 남긴 도모나가 신이치로(朝永振一郎, 1906-1979), 슈윙거(Julian Seymour Schwinger, 1918-1994)와 공동으로 1965년도 노벨물리학상을 수상하였다.

이 과정에서 파인만이 직접 고안한 파인만 다이어그램(Feynman diagram)은 이론물리학의 여러 분야에 널리 이용되며, 재규격화이론 또한 이론입자물리학에서 중요한 의미를 지닌다. 재규격화이론이란 전자와 전자기장의 상호작용을 양자역학적으로 다룰 때 전자의 에너지와 질량이 무한대로 발산하는 문제를 해결한 것으로, 실제 실험값을 이론에 적용하여 무한대의 값을 유한하게 바꿀 수 있는 장점이 있다. 한국인 출신의 세계적 물리학자 고 이휘소(李輝昭, 1935-1977) 박사도 게이지 이론의 재규격화에서 큰 업적을 남겼고, 1999년도 노벨물리학상을 받은 엇호프트(Gerardus 't Hooft, 1946-)와 펠트만(Martinus Justinus Godefriedus Veltman, 1931-2021) 역시 전자기력과 약력의 재규격화 문제를 해결한 공로를 인정받았다.

그러나 파인만은 다른 분야에서도 많은 업적을 남겼다. 특히 새로운 과학기술 분야의 태동에 크게 기여한 것은 노벨상을 받은 자신의 주요 전공 분야에 못지않은, 아니 그보다 더 중요한 업적으로 볼 수도 있다. 나노과학기술의 개념을 처음 제시한 과학자가 파인만이다. 그는 1959년 12월 캘리포니아공대에서 열린 미국물리학회 정기총회에서 '바닥 세계에는 빈자리가 많다(There's plenty of room at the bottom)'라는 제목의 강연을 하였다. 이 강연에서 그는 원자 하나하나를 이용하여 사물을 다룰 수 있는 가능성을 이야기하고, 이것이 물리학의 원리와 어긋나지 않는다고 주장하였다.

따라서 그는 원자와 분자의 세계가 특정 임무를 수행하는 아주 작은 구조물을 세울 수 있는 토대가 될 수 있다고 생각하였고, 또한 브리태니커 백과사전에 담긴 모든 정보를 아주 작은 핀 하나에 담을 수 있다고 주장하였다. 당시 강연에 참석한 대부분의 물리학자는 황당한 구상이라고 일축하였다. 그러나 1980년대 이후 분자 이하의 세계를 들여다볼 수 있는 고성능의 주사터널링현미경(Scanning Tunneling Microscope, STM)이 개발되고, 에릭 드렉슬러(Eric Drexler, 1955-)의 분자기계 이론이 구체화되면서 나노과학기술은 더 이상 상상의 차원이 아닌 미래의 첨단과학기술로 각광받게 되었다. 파인만의 대담한 발상과 미래과학기술에 대한 탁월한 통찰력을 칭찬하지 않을 수 없다.

미래의 새로운 컴퓨팅 방식으로 각광을 받는 양자컴퓨터(Quantum computer)의 개념 역시 파인만에 의해 1980년대에 처음 제시되었다. 아무리 반도체 집적회로 기술이 발달한다 해도, 이를 논리소자로 채용하는 현재의 컴퓨터 방식은 언젠가 한계에 도달할 수밖에 없다. 즉 아무리 고도로 집적한다고 해도 논리소자를 원자 하나 이하로 구현하기는 불가능하며, 또한 원자 단위의 미시세계에서는 예기치 못했던 문제들이 발생하기도 한다. 이러한 기존 컴퓨터의 성능 한계를 극복하기 위한 새로운 개념의 컴퓨터가 양자컴퓨터이다.

양자역학의 불확정성 원리는 서로 다른 특징을 갖는 상태의 중첩에 의해 측정값이 확률적으로 주어지는데, 이를 응용한 양자컴퓨터에서는 이른바 '큐비트(Qbit)'라 불리는 양자비트 하나로 0과 1의 두 상태를 동시에 표시할 수 있다. 따라서 데이터를 병렬적으로 동시에 처리할 수 있고, 또한 큐비트의 수가 늘어날수록 처리 가능한 정보량이 기하급수적으로 늘어난다. 즉 2개의 큐비트라면 모두 4가지 상태(00, 01, 10, 11)를 중첩하는 것이 가능하고 n개의 큐비트는 2의 n제곱만큼 가능하므로, 입력 정보량의 병렬 처리에 의해 연산 속도가 기존 디지털 컴퓨터와 비교할 수 없을 만큼 빨라진다. 이러한 양자컴퓨터가 언제 상용화될지는 예측하기 어렵지만, 세계 각국에서 활발히 연구개발을 하고 있고 일부 선진 기업에서는 큐비트의 시제품을 선보인 바 있다.

파인만은 우주왕복선 챌린저(Challenger)호의 폭발 원인을 밝혀낸 것으로도 잘 알려져 있다. 1986년 1월에 7명의 승무원을 태운 우주왕복선 챌린저호가 발사된 지 73초 후 공중 폭발하여 승무원 전원이 사망한 참사가 발생했다. 동승했던 여교사마저 사망한 이 사고는 당시 미국인들에게 큰 충격을 주었고, 이로 인하여 미국의 우주개발 계획은 한때 큰 차질을 빚었다.

대통령의 명령으로 구성된 조사위원회에 참여한 파인만

은 사고의 원인이 오링(O-ring)이라는 부품에 있었음을 밝혀내었다. 즉 고체 로켓 부스터에 사용된 고무 재질의 오링이 추운 날씨 때문에 탄력을 잃은 결과, 고온·고압의 가스가 오링 사이로 누출되어 불이 붙으면서 외부 연료 탱크가 폭발하였던 것이다. 일견 사소해 보이는 작은 부품 하나가 중대한 폭발사고로 이어질 수 있다는 경각심을 일깨워주었는데, 파인만은 다재다능한 능력을 다시 한번 발휘했던 셈이다.

말년에 암으로 고통을 겪었던 파인만은 몇 년간의 투병 끝에 1988년 69세 나이로 세상을 떠났다. 그는 "나는 두 번 죽기는 싫어. 그건 정말 지루하단 말이야"라는 말을 남겼다고 한다.

형식과 권위를 거부하고 창조적이고 주체적인 사고를 강조했던 파인만은, 근엄한 과학자의 이미지가 아니라 괴짜 물리학자로 대중에게 널리 알려져 있다. 여러 여성과 스캔들을 일으킨 적도 있고 성인 유흥업소에 즐겨 다닌 것을 감추지 않았다. 고장 난 라디오를 손쉽게 고치고 열쇠 수리 같은 잡다한 일에도 능했을 뿐 아니라, 마야의 고문서를 해독하는 데에도 일가견이 있었다.

파인만이 쓴 『물리학 강의(Lectures on Physics)』를 나도 학생 시절에 읽고 공부했는데, 이 책의 머리말 상단에는 봉고 드럼을 능숙하게 치는 그의 사진이 게재되어 있다. 그의 유쾌한 자서전적 이야기를 담은 책 『파인만씨 농담도 잘하시네』가 국내에 번역되어 베스트셀러에 오른 바 있다. 21세기 융합의 시대에 걸맞는 새로운 과학기술 인재상에도 시사하는 바가 크다고 생각한다.

니콜라 테슬라의 실험실(1899년)
ⓒwellcomecollection.org / CC-BY-4.0

세기의 라이벌, 테슬라와 에디슨
— 인연과 악연

예전에는 그다지 잘 알려지지 않았던 니콜라 테슬라(Nikola Tesla, 1856-1943)에 대한 관심과 조명이 근래 들어서 점증하면서, 그의 발명품과 업적도 뒤늦게 각광받고 있다. 일론 머스크(Elon Musk, 1971-)가 창업한 전기자동차 기업으로서 숱한 화제를 몰고 다니는 테슬라모터스는 니콜라 테슬라의 이름에서 따왔을 뿐 아니라, 주력상품 역시 그가 오래전에 발명한 교류모터의 디자인을 계승하고 있다. 자기력선속밀도의 단위인 테슬라도 물론 오래전부터 그의 이름에서 따온 것이다.

시대를 앞선 천재 과학자 또는 몽상가적 기질의 괴짜

과학자라는 상반된 평가를 받는 테슬라는 그동안 에디슨(Thomas Alva Edison, 1847-1931)의 경쟁자로 알려져왔다. 즉 온갖 무리수를 두면서 직류 송전 방식을 끝까지 고집한 에디슨 진영을 제치고, 오늘날의 교류 송전 방식 확립에 크게 공헌한 인물이다. 에디슨은 테슬라와의 경쟁에서 교류 전력의 위험성을 부각하기 위해 고압의 교류 전류로 개와 고양이를 태워 죽이는 끔찍한 실험을 반복하는가 하면, 사형 집행용 전기의자를 발명하여 미국의 교도소에 공급하는 등 갖은 악행과 방해 공작을 서슴지 않았다.

테슬라와 에디슨은 역사적 라이벌이며 여러 가지로 인연과 악연이 얽혀 있다. 두 사람을 비교해보는 것도 상당한 의미가 있을 듯하다.

니콜라 테슬라는 약 160년 전인 1856년 7월 크로아티아 리카 지방의 작은 마을에서 목사의 아들로 태어나, 어릴 적부터 발명과 기술에 흥미를 보였다. 그는 프라하대학에 장학생으로 입학하는 등 엘리트 과학도의 길을 걸었으나, 가난한 집안 사정으로 부다페스트 등지에서 전신국 직원, 전기기사 등을 전전하다가 미국으로 이주하여 활동하였다.

테슬라는 한때 에디슨의 연구소에서 일한 적도 있는데,

테슬라의 획기적인 발명품에 거액의 보상금을 지불하기로 했던 에디슨이 농담으로 치부하고 약속을 어기면서 두 사람의 '악연'은 시작되었던 듯하다.

에디슨과 테슬라 두 사람 모두 천재적인 발명가로서 며칠씩 밤을 새우면서 발명에 몰두할 정도로 열정적이었다는 점은 같았지만, 발명에 임하는 방식은 좀 달랐던 듯하다. 에디슨은 "천재란 99퍼센트 노력과 1퍼센트 영감의 결과"라는 그의 유명한 말에서 잘 나타나듯, 발명의 과정에서 무수한 시행착오(Trial & Error)를 불사하는 끈질긴 노력과 실험정신을 중시하였다. 반면 테슬라는 과학자로서 직관과 이론적 면을 보다 중시하여, 무턱대고 실험과 시행착오를 반복하면서 시간을 허비하는 것은 바람직하지 않다고 생각하였다.

두 사람이 함께 노벨물리학상을 받을 뻔했다는 얘기도 후세 사람들에 의해 많이 회자되는데, 정확한 진상에 대해서는 여전히 설명이 엇갈린다. 당시 미국의 주요 언론들은 1915년도 노벨물리학상 수상자로 에디슨과 테슬라가 공동 선정되었다는 기사를 낸 바 있으나, 정작 그해 노벨물리학상은 X선 결정학에서 업적을 남긴 브래그 부자(Bragg 父子)

에게 돌아갔다.

어떤 사람들은 과학자로서 자존심이 강했던 테슬라가 발명가에 불과한 에디슨과 공동으로 상을 받을 수 없어서 수상을 거부했다고 전한다. 그러나 한편으로는 정작 노벨상 공동 수상을 거부한 것은 에디슨이며, 경제적 어려움에 시달리던 테슬라가 노벨상 상금을 받지 못하도록 잔인한 술수를 부렸던 결과라고 주장하기도 한다.

에디슨은 발명가로서 뛰어난 능력 못지않게, 자신이나 타인의 발명품을 실용화하고 상업적으로 활용하는 데에도 탁월한 재능이 있었다. 그의 대표적 발명품으로 꼽히는 전구 역시 그러한 경우 중 하나이다.

에디슨은 선행 발명품의 결점이나 문제를 해결하고 결국 대중화와 상용화를 성공시킨 적이 많았다. 물론 이 역시 에디슨의 끈질긴 노력과 열정이 뒷받침되었기에 가능했겠지만, 그가 발명가로서 지닌 능력과 자질뿐 아니라 사업가적 안목과 수완도 나름대로 갖췄던 면을 간과할 수 없다.

반면에 테슬라는 이런 면에서도 에디슨과는 대조적이었다. 그는 에디슨과의 송전 사업 경쟁에서 최종 승리를 거두고도 큰 부를 누리지 못했고, 도리어 재정적으로 쪼들릴 때가 많았다. 수많은 발명과 특허를 보유했지만 돈벌이에는 관심을 두지 않았고, 과학자로서 이상주의적 자세와 '선비 정신'을 견지했다.

고전압 방전을 일으키는 테슬라 코일, 실용화되기 시작한 무선전력 송신 등 그의 선구적 업적들이 최근 빛을 발하고 있다. 하지만 최근에 간행된 테슬라의 전기를 보면 그의 숨은 업적이라고 언급된 것들이 너무 과장되었거나, 명확히 확인되지 않은 사실들이 지나치게 부풀려진 경우도 없지 않다. 더구나 국내외에서 사이비 과학기술에 심취한 이들이 "테슬라도 당시에는 미치광이나 몽상가 취급을 받았지만 결과적으로 시대를 앞선 천재 아니었느냐?"라는 식으로 자신들의 터무니없는 주장들을 합리화하려는 우려스러운 경우마저 있다. 그러나 황당한 혹세무민(惑世誣民)에 그의 이름이 자꾸 들먹여진다면, 저세상에서 테슬라가 무척 슬퍼하지 않을까?

목사 출신으로서 산소를 발견한 화학자 프리스틀리

아마추어 과학자들의 위대한 업적

"왜 이래? 아마추어같이……." 개그 프로그램에서 꽤 인기를 끌던 대사이다. 아마추어 하면 사전적 의미와 무관하게 비전문가, 즉 '프로에 비해 서툰' 사람이라는 뜻으로 통한다.

과학기술사에 큰 업적을 남긴 사람 중에 연구개발을 직업으로 삼은 이들은 많았다. 그러나 '직업적인 과학기술자'로 보기에는 어려운 인물 또는 다른 일을 생업으로 삼았던 아마추어에 의하여 중요한 과학기술상 발전이 이루어진 경우도 적지 않다.

오늘날 과학기술자 하면 이공계 대학교수, 정부출연 연구기관이나 민간기업의 연구원을 떠올리므로, 사람들은 직업으로서 과학기술자를 자연스럽게 받아들인다. 그러나 역사적으로 살펴보면, 과학기술자가 시쳇말로 '과학기술 연구로만 먹고살 수 있게 된' 것은 그리 오래된 일이 아니다.

근대 과학혁명 초기에만 해도 소수의 대학교수를 빼면, 많은 과학자가 생활에 여유가 있는 부자나 귀족 출신이었다. 만유인력 상수를 측정한 캐번디시(Henry Cavendish, 1731-1810), 근대화학의 아버지 라부아지에(Antoine Laurent de Lavoisier, 1743-1794), '페르마의 마지막 정리'를 남긴 페르마(Pierre de Fermat, 1601-1665)가 여기에 포함된다.

캐번디시는 막대한 재산을 가지고 있던 귀족으로, 사람들을 싫어하고 은둔에 가까운 생활을 했던 과학자로 유명하다. 비틀림 진자를 이용한 만유인력 상수의 측정, 수소(水素)의 발견, 열 및 정전기 연구 등 수많은 업적을 남긴 그는 '모든 학자 중에서 가장 부유했으며, 또한 모든 부자 중에서 가장 학식 있는 사람'으로 일컬어진다.

라부아지에 역시 아버지가 유명 변호사였던 부유한 집안 출신으로, 젊은 시절부터 과학연구에 매진하여 많은 업적을 남겼지만 그의 본업은 세금 징수관이었다. 그러나 이 직업은 훗날 프랑스대혁명이 발발한 후에 '가난한 시민들을 수탈한 죄'로 그를 단두대로 몰아넣어 죽게 만들었다.

17세기 프랑스의 수학자 페르마는 20세기 말까지 풀리지 않던 '페르마의 마지막 정리'를 남긴 것으로 유명한데, 그 역시 변호사, 지방의회 의원 등으로 활동했던 아마추어 수학자였다.

역사상 저명한 과학자 중에는 부자나 귀족 출신은 아니라도, 성직자로서 비교적 여유롭게 과학을 연구할 형편이 되던 이들도 있다. 영국의 프리스틀리(Joseph Priestley, 1733-1804) 목사, 오스트리아의 멘델(Gregor Johann Mendel, 1822-1884) 신부가 대표적인 경우이다.

프리스틀리는 산소(酸素)를 발견한 화학자 중 한 사람이며, 전기학 연구에도 조예가 깊어서 관련 저술을 남겼다. 그러나 그의 본업은 목사로서 신학자이자 사회사상가로도 활발한 활동을 하였다.

멘델은 신부로 재직하던 중에 유전법칙을 발견한 인물로 유명하다. 그러나 멘델이 수도원의 뒤뜰에서 완두콩을 재료로 연구하여 밝힌 유전법칙은 당시 생물학자들로부터 아무런 관심을 끌지 못했다. 그는 수도원으로 돌아가 조용한 여생을 보낸 것으로 알려져 있다.

앞에서 예로 든 근대 과학자들, 즉 부유한 귀족이나 성직자 출신으로서 취미나 기호 삼아 과학을 연구했던 이들이야말로 '애호가'라는 본래 의미의 아마추어라고 말할 수 있다. 그러나 직업적인 과학기술자와의 경쟁에서 끝내 승리하거나, 이들을 능가하는 업적을 남긴 위대한 아마추어도 적지 않다. 아인슈타인(Albert Einstein, 1879-1955) 역시 상대성이론 등을 발표할 당시 본업은 스위스 특허청의 심사관이었다.

'프로를 이긴 아마추어'의 대표적 경우가 전화기의 발명자인 벨(Alexander Graham Bell, 1847-1922)이다. 많은 사람이 '벨과 그레이(Elisha Gray, 1835-1901)가 전화기를 최초로 발명하여 미국 특허청에 경쟁적으로 특허를 출원하였으나, 벨이 그레이보다 한두 시간 앞섰기 때문에 정식 특허권자로서 인정받을 수 있었다'고 알고 있으나 역사적 사실은 크게 다르다. 이에 관해서는 앞서 나온 나의 저서 『진실과 거짓의 과학사』에서 상세히 설명했다. 벨이 아마추어였던 점이 도리어 그레이와의 경쟁에서 승리하는 데 도움이 되었다고 보는 학자도 적지 않다.

물론 오늘날 과학기술상 발견과 발명은 대부분 과학기

술 연구를 업으로 삼은 사람들에 의해 이루어진다. 특히 정부나 민간자본의 지원 아래 수십, 수백 명의 과학기술자를 동원한 조직적 연구개발이 빈번한 오늘날에는 갈수록 아마추어 과학기술자의 입지가 줄어들지도 모른다.

그러나 여전히 분야에 따라서는 직업적 전문 과학기술자 못지않게 아마추어도 좋은 업적을 낼 수 있으며, 아마추어의 기발하고 창의적인 사고가 다시 과학기술의 새로운 지평을 열 가능성도 충분하다.

탐험가이자 과학의 여러 분야에 조예가 깊었던 베게너

멘델과 베게너의
놀라운 공통점

중요한 업적을 이루고도 생전에 인정받지 못하다가 죽은 지 한참 지나서야 각광을 받는 경우가 많다. 과학자 중에서도 이런 사례가 적지 않은데, 특히 '유전법칙의 선구자' 멘델(Gregor Johann Mendel, 1822-1884)과 '대륙이동설의 창시자' 베게너(Alfred L. Wegener, 1880-1930)를 대표적으로 꼽을 수 있다. 또한 이 두 사람은 여러모로 공통점이 많기도 하다.

멘델의 유전법칙은 생물학에서 대단히 중요한 발견이지만 당시 학자들은 관심을 보이지 않았다. 오스트리아의 멘델 신부가 자신이 몸담던 수도원의 뒤뜰에서 완두콩을 재료로 하여 8년간 325회의 실험을 통해 정립한 이론을 학회에 발표한 것은 1866년 2월 8일이었다. 약 40여 분간 멘델은 완두콩의 형질이 후대에 유전되는 법칙을 열심히 설명했건만, 참석한 생물학자 중 흥미를 보이는 사람은 없었다. 당시 생물학계는 그의 연구 결과를 외면했다.

멘델의 유전법칙의 가치가 다시 발견된 것은 멘델이 죽은 지 16년, 멘델의 논문이 나온 지는 34년이 지난 후였다. '달맞이꽃의 돌연변이'에 관해 연구하던 네덜란드의 생물학자 드 브리스(Hugo De Vries, 1848-1935)는 자신의 연구 결과와 똑같은 내용의 멘델의 논문을 발견하고 경악하고 말았다. 그런 훌륭한 논문이 수십 년간이나 묻혀 있었다는 사실에 다시 한번 놀란 그는, 1900년에 자신의 연구 결과와 함께 멘델의 논문을 첨부하여 발표하였다.

그 직후 독일의 코렌스(Carl Erich Correns, 1864-1933)도 '완두콩과 옥수수의 실험'으로 똑같은 결과를 얻었는데, 이미 오래전에 멘델이 발표했다는 사실을 뒤늦게 알고서 더 이상의 연구와 발표를 포기했다고 알려왔다.

역시 혼자서 같은 연구를 했던 오스트리아의 체르마크(Erich Tschermak von Seysenegg, 1871-1962)는 자신이 수년간 연구해온 결과를 막 발표하려던 즈음, 드 브리스와 코렌스의 발표를 접하고 실망하였다. 그러나 그도 역시 자신이 이룩한 연구가 34년 전 이미 멘델이 해놓은 것이라는 사실을 덧붙여서 발표하였다.

생물학계에서는 불과 몇 달 사이에 무려 세 명의 생물학자가 같은 내용을 잇달아 발표하자, 비로소 '유전법칙이란 무엇인가?' '멘델이라는 사람은 누구이며 무엇을 연구했는가?'에 관심을 가지게 되었다.

'대륙이 움직인다'는 대담한 발상을 이론화하여 처음 발표한 이는 독일의 지구과학자이며 탐험가인 베게너였다. 세계지도를 보다가 남아메리카의 브라질 동부 해안선과 아프리카 카메룬 일대의 서부 해안선이 너무도 비슷한 모양인 것에서 힌트를 얻은 그는, 지질학과 고생물학 관련 자료들을 널리 수집하고 연구한 끝에 1912년부터 대륙이동설에 대한 논문과 저서를 발표했다.

"전 세계의 대륙은 원래 판게아(Pangaea)라는 초대륙으로서 한 덩어리를 이루고 있었으나, 이후 분열해서 각 부분이 동서남북으로 이동한 결과, 지금과 같은 5대양 6대주의 모습을 형성하게 되었다"는 것이 주된 내용이었다. 이것에 의해 바다와 산맥의 형성, 섬의 생성과 소멸 등 여러 문제가 일관되게 설명된다는 것이 그의 주장이다.

그러나 세계 지질학계의 주류는 베게너의 주장을 황당하다고 보고 받아들이지 않았다. 베게너 역시 대륙이동의 원천이 될 만한 '힘'이 무엇인지 입증하지 못하였다. 그는 자신의 이론을 뒷받침할 만한 새로운 증거를 찾기 위해 1930년에 그린란드 원정을 떠났다가 눈보라 속에서 사망하고 말았다. 그의 죽음과 함께 대륙이동설도 잊혔다.

그러나 1950년대부터 고지자기학 연구가 활발해지면서 대륙이동설을 결정적으로 뒷받침하는 여러 증거가 발견되었다. 오늘날에는 대륙이동설이 바탕이 된 '판구조론' 즉 대륙이 몇 개의 판으로 이루어져 맨틀 위를 떠다니면서 이동한다는 이론이 지구과학계의 정설로 자리 잡았다.

베게너와 멘델에게는 서로 많은 공통점이 있다. 첫째, 자신의 분야에서 과학의 패러다임을 일거에 바꿀 정도로 획기적인 업적을 세우고도 생전에는 당대 학자들로부터 인정을 받지 못했다. 멘델이 처음 발견한 유전법칙, 그리고 유전자의 존재를 빼놓는다면 이제는 생물학을 제대로 이해하기조차 어렵다. 베게너의 대륙이동설이 바탕이 된 판구조론은 오늘날 화산과 지진, 지각변동을 설명하는 기본 바탕이다.

둘째, 두 사람이 인정받지 못한 원인 중 하나가 그 분야에서 아마추어 신분이었다는 점이다. 멘델이 학회에서 유전법칙을 발표할 당시에, 과학 분야에 관해 대리교사 경력이 전부인 가톨릭 신부가 아닌 저명한 대학교수나 생물학자였다면 상황이 달라지지 않았을까? 아무리 유전법칙이 생소하고 당시 생물학의 주 관심 분야가 아니었다고 해도, 그처럼 중요한 논문이 대다수 생물학자에게 잊힌 채 수십 년간 도서관 구석에 처박혀 사장되지는 않았을 것이다.

그러나 낯선 가톨릭 신부의 발표에 당시 학회에 참석한 생물학자들은 지루하다는 표정이었고, 멘델의 발표는 아무런 질문이나 토론도 없이 끝났다. 그는 '언젠가는 나의 진가를 알아주는 시대가 올 것'이라며 미련을 버리지 않았지만, 당시 생물학계는 끝까지 멘델을 외면했다.

베게너도 비슷한 경우이다. 물론 그는 탐험가이자 지구과학자였지만, 자신의 주장을 펼칠 당시에는 왕립 기상관측소의 기상학자였다. 보수적인 대다수 정통 지질학자들의 눈에는 '대륙이 움직인다'는 황당한 주장을 펴는 그가 풋내기 아마추어 지질학자로 보였을 것이 틀림없다.

베게너는 자신의 대륙이동설이 단순히 세계지도에 의한 조각그림 맞추기가 아니라 단층 구조와 산맥 등 분리된 대륙들의 주변 지형이 유사한 데다가, 지금은 멀리 떨어져 있는 두 대륙의 양안에 비슷한 동물이 살았다는 점 등 여러 가지 지질학적, 고생물학적 증거들을 거론했다. 하지만 대부분의 지질학자는 인정하지 않았다.

셋째, 멘델과 베게너가 아마추어였음에도 기존의 관념을 뛰어넘는 획기적인 이론을 제시할 수 있었던 배경에는, 그들이 한 가지 분야만이 아니라 다른 분야에서도 뛰어난 능력을 보유했던 점이 크게 작용했다. 멘델은 다른 생물학자들과 달리 수학과 통계 처리에 뛰어난 역량을 발휘했다. 그래서 방대한 실험 결과를 잘 정리하여 유전법칙을 밝혀낼 수 있었다. 역으로 당시 생물학자들에게는 수학적, 통계적으로 정리된 그의 이론이 낯설게 느껴졌을 것이다.

베게너 역시 지질학뿐 아니라 천문학, 기상학, 고생물학 등 다른 인접 과학 분야에 조예가 깊었고 탐험가로서 세계 각지를 돌아다닌 소중한 경험이 있었다. 그래서 다른 지질학자들은 꿈도 꾸지 못한 과감한 이론을 주장할 수 있는 토대가 있었다.

이것은 다른 분야의 학자들이 함께 연구하는 '학문 분야 간 연구(Interdisciplinary study)'와 동일하지는 않겠지만, 역시 오늘날의 융합 연구와 일맥상통하는 바가 있다. 또는 혼자서 이룩한 '학문 분야 간 연구'로 볼 수도 있다.

역사를 보면 비범한 능력과 업적에도 불구하고 자신의 생애에 인정받지 못하고 일생을 마친 과학자들이 많다. 그들의 업적은 훗날에야 평가되어 가치를 인정받곤 한다. 지금도 여러 가지 이유로 재능과 공적을 인정받지 못하고 안타까운 나날을 보내는 과학자들이 없는지 돌아볼 일이다.

DNA 이중나선구조 발견에 큰 공헌을 세우고도
제대로 인정받지 못했던 로절린드 프랭클린
ⓒ CSHL

핵분열 원리와 DNA 구조 발견이 오늘날에 주는 교훈은?

해마다 '노벨상의 계절'인 10월이 되면, 그해 노벨상을 받을 6개 부문 수상자가 모두 발표된다. 그러나 노벨상에도 '유리천장'이 있느냐는 말이 나올 정도로 역대 수상자 중 여성의 비율은 매우 적다. 예전에는 과학 분야에서 이런 경향이 더욱 심하였고, 두 차례나 노벨상을 받은 퀴리 부인, 즉 마리 퀴리(Marie Curie, 1867-1934)는 극히 예외였던 셈이다. 이에 관한 비판의 목소리가 높아지고 사회적 분위기가 달라진 덕분인지, 그나마 21세기 이후 여성 과학자들의 노벨상 수상이 다소 늘고 있기는 하다.

비범한 능력과 탁월한 업적에도 불구하고 아쉽게 노벨

상을 받지 못한 대표적인 여성 과학자로는 리제 마이트너(Lise Meitner, 1878-1968)와 로절린드 프랭클린(Rosalind Elsie Franklin, 1920-1958)이 있다. 이들이 관련된 업적, 즉 핵분열의 원리 발견과 DNA의 이중나선 구조 발견 역시 잘 살펴보면 공통점이 많아서 흥미롭다.

리제 마이트너는 오스트리아 태생의 물리학자로서, 오토 한(Otto Hahn, 1879-1968), 프리츠 슈트라스만(Fritz Strassmann, 1902-1980)과 함께 우라늄에 중성자를 충돌시켜 새로운 원소를 만드는 연구에 몰두하였다. 그 과정에서 그녀는 우라늄 원자핵이 두 쪽으로 쪼개지는 핵분열의 원리를 발견하였으나, 1944년도 노벨화학상은 공동 연구자였던 오토 한에게만 돌아갔다.

슈트라스만은 공동 연구 당시 젊은 조교의 신분이었으므로 그렇다 쳐도, 마이트너는 처음에 오토 한 연구실의 방문연구원 신분이었으나 나중에는 거의 대등한 공동 연구자였다. 그뿐만 아니라 우라늄 실험도 그녀가 오토 한에게 제안해서 시작된 것이었고, 핵분열 및 우라늄 연쇄반응의 메커니즘을 명확히 밝혀낸 것도 물리학자였던 그녀의 공적이다. 그럼에도 불구하고 노벨상 심사위원회는 마이트너의 업적을 인정하지 않았고, 여러 차례 수상자 후보로 오른 그녀를 번번이 탈락시켰다.

로절린드 프랭클린은 그동안 많은 논란이 뒤따랐던 여성 과학자이다. 그녀가 DNA의 이중나선 구조를 밝히는 데 결정적 공헌을 했음에도 불구하고 제대로 인정받지 못했다는 것이 중론이다. 심지어 그녀가 노벨상을 도둑맞았다고 여기는 사람도 적지 않다.

로절린드 프랭클린은 영국 케임브리지대학에서 물리화학을 공부하였고, 파리 유학 중 새로운 연구 방법인 X선 회절법을 습득하여 이후 윌킨스(Maurice Wilkins, 1916-2004) 등과 함께 DNA의 구조를 연구하였다.

윌킨스와 그의 경쟁자였던 왓슨(James Watson, 1928-), 크릭(Francis Crick, 1916-2004) 세 사람은 DNA의 이중나선 구조 발견으로 1962년도 노벨생리의학상을 수상하였다. 이들의 업적에는 프랭클린이 찍은 DNA의 X선 회절 사진이 결정적 기여를 하였는데, 저명한 과학자이자 과학사학자인 버널(John Desmond Bernal, 1901-1971)은 이 사진을 가리켜 '세상에서 가장 아름다운 X선 사진'이라고 극찬했다. 그러나 프랭클린은 이들이 노벨상을 받기 4년 전인 1958년, 암으로 37

세의 아까운 나이에 세상을 떠났다.

마이트너와 프랭클린이 기여한 핵분열의 원리와 DNA 이중나선 구조 발견에는 놀라울 정도로 유사한 점이 많다.

첫째, 둘 다 인류 역사를 뒤흔들 획기적인 과학적 발견이었다. 핵분열의 원리 발견은 잘 알려져 있듯이 원자폭탄의 개발로 이어졌고, 오늘날 인류가 사용하는 에너지의 상당 부분을 제공하는 원자력 발전 역시 이를 기반으로 한다. DNA 이중나선 구조 발견 역시 '생명의 설계도'를 제공하여 오늘날 유전공학과 생명과학기술의 시대를 여는 토대가 되었다.

둘째, 해당 연구를 둘러싸고 당대의 세계적인 석학 및 일류 과학자들과 치열한 경쟁을 벌였으나, 최후의 승자는 선발 주자들을 막판에 제친 의외의 인물들이었다는 점이다. 핵분열 원리 발견의 단초가 된 우라늄의 중성자 충돌 실험은 이탈리아의 물리학자 페르미(Enrico Fermi, 1901-1954) 등이 먼저 시작했다. 그는 이미 많은 원소의 원자핵에 중성자를 충돌시켜서 인공 방사성 물질을 만들고 다른 원소로 변환시키는 실험을 성공시켜 1938년도 노벨물리학상을 받았다. 오늘날 그의 이름을 딴 '페르미상'이 있을 정도로 과학계의 거장이다.

또한 퀴리 부인의 큰딸과 사위였던 이렌 퀴리(Irène Joliot-Curie, 1897-1956)와 프레데리크 졸리오(Jean Frédéric Joliot-Curie, 1900-1958) 역시 1935년도 노벨화학상을 수상한 쟁쟁한 과학자들로, 핵분열 원리 발견의 일보 직전까지 연구를 진전시켰다. 그러나 연구의 최종 결실을 맺은 마이트너와 오토 한 등은 이전까지는 주목받던 인물들이 아니었다.

DNA의 구조 연구에 뛰어들었던 과학자들 역시 당대 최고의 인물들이었다. 어윈 샤가프(Erwin Chargaff, 1905-2002)는 DNA 염기 조성(Base Composition)에 관한 규칙인 '샤가프의 법칙'을 밝혔고, 이는 DNA 이중나선 구조 발견에 중요한 실마리를 제공하였다. 라이너스 폴링(Linus Paulling, 1901-1994)은 당시 이온구조화학 분야의 일인자인 과학자로서, 그가 밝힌 전기음성도 이론은 오늘날 화학 교과서에 그의 이름과 함께 나온다.

1954년도 노벨화학상과 1962년도 노벨평화상을 받은 그가 프랭클린의 DNA X선 회절 사진을 봤더라면, (DNA 이중나선 구조 발견으로) 노벨상을 세 차례나 받는 전무후무한 인물이 되었을지 모른다. 이들에 비해 최종 승자였던 왓슨과 크릭 등은 업적을 이룰 당시에 20, 30대의 나이에 불과한 애송이들이었다.

셋째, 여러 학문 간의 융합 연구가 뒷받침되었다는 점으로서, 생소한 인물들이 당대의 대가들을 제치고 쾌거를 이룩할 수 있었던 원동력이 되었을 것이다. 핵분열 원리를 밝힌 오토 한, 마이트너, 슈트라스만은 방사화학자, 물리학자, 분석화학자가 조화를 이룬 이상적인 '학문 분야 간 연구(Interdisciplinary study)' 팀이었다. DNA 이중나선 구조를 발견한 왓슨은 바이러스에 관해 연구했던 생물학자였고, 크릭은 X선 회절에 관해 연구했던 물리학자 출신이었다. 오늘날에는 학문 분야 간 연구 및 융복합 연구가 더욱 강조되고 있는데, 이러한 관점에서도 이들의 사례는 다시 한번 주목할 필요가 있을 것이다.

넷째, 처음부터 언급했듯이 연구에 여성 과학자가 중요한 공헌을 했지만 업적을 제대로 인정받지 못하고 노벨상을 수상하지 못했다는 점도 닮았다. 다만 마이트너는 생전에 여러 차례 수상자 후보에 올랐던 반면에, 프랭클린은 일찍 세상을 떠났던 차이가 있다. 그러나 동료들이 노벨상을 받았던 1962년까지 그녀가 살아 있었다 해도 수상 확률은 적다. 3인까지 공동수상이 허용되는 노벨상 수상 규정과 여성을 차별하는 풍토 때문에 어려웠으리라는 견해가 지배적이다.

탁월한 여성 과학자가 노벨상 수상에서 제외된 사례는 마이트너와 프랭클린 외에도 더 있다. 우젠슝(吳健雄, 1912-1997), 조셀린 벨(Susan Jocelyn Bell Burnell, 1943-)의 경우를 들 수 있다. 1957년도 노벨물리학상은 중국 출신의 과학자로서 이른바 '약한 상호작용에 의한 패리티(Parity) 비보존 이론'을 정립한 양전닝(楊振寧, Yang Zhenning, 1922-)과 리정다오(李政道, Li Zhengdao, 1926-2024)에게 돌아갔다. 그런데 같은 중국 출신의 여성 물리학자로서 실험을 통하여 이를 입증한 우젠슝에게도 충분히 공동으로 노벨상이 주어졌을 법한데, 그녀는 받지 못하였다.

1974년도 노벨물리학상은 빠른 속도로 회전하는 중성자별인 펄서를 발견하고 전파천문학을 발전시킨 공로로 영국의 천체물리학자 안토니 휴이시(Antony Hewish, 1924-2021)가 수상하였다. 이 경우 역시 그의 지도 학생으로서 펄서를 처음 발견했던 여성 과학자 조셀린 벨을 수상에서 제외해 여성 차별이라는 논란이 거세게 일어났다.

힉스입자를 검출한 유럽입자물리연구소(CERN)의 거대강입자가속기(LHC)
ⓒJulian Herzog

이론이 먼저?
실험이 먼저?

물리학에서 이론으로 먼저 예측하고 실험을 통하여 검증하는 것은 정형화된 사례이다. 19세기에 맥스웰(James Clerk Maxwell, 1831-1879)이 방정식을 통하여 전자기파의 존재를 이론으로 예언한 후, 헤르츠(Heinrich Rudolf Hertz, 1857-1894)가 실험으로 입증한 것은 선구적인 예이다. 20세기 들어와서는 자연의 근본을 이루는 여러 소립자가 이론으로 먼저 예견되고 나중에 실험을 통하여 증명되는 경우가 많았다.

반물질, 즉 반입자도 그런 예에 속한다. 반물질을 처음 예견한 물리학자는 코펜하겐학파의 일원으로서 양자역학의 완성에 크게 기여한 영국의 디랙(Paul Adrien Maurice Dirac,

1902-1984)이다. 1928년에 그는 자신이 세운 전자방정식에서, 전자의 에너지를 나타내는 양과 음의 해가 함께 존재할 수 있다는 점에 주목하여 반입자인 양전자의 존재를 가정했다. 그 후 미국의 물리학자 앤더슨(Carl David Anderson, 1905-1991)은 1932년에 우주선의 궤적을 촬영하던 중 양전자를 발견했고, 다른 과학자들이 인공 방사선 생성 실험 등을 통하여 양전자 방출을 확인하면서 반입자의 실체가 명확히 알려졌다.

수수께끼 입자라 불렸던 중성미자(Neutrino) 역시 마찬가지이다. 아주 작은 소립자인 중성미자는 1930년대에 파울리(Wolfgang Ernst Pauli, 1900-1958), 페르미(Enrico Fermi, 1901-1954) 등이 방사성 물질 붕괴 과정에서 에너지 보존법칙이 깨지지 않도록 설명하기 위하여 도입하였다. 그리고 1950년대 이후에야 실험으로 중성미자의 존재가 입증되었다. 이후로도 중성미자의 연구 및 실험에서 성과를 낸 물리학자들이 여러 차례 노벨물리학상을 수상했다.

2010년대에 와서 그 존재가 확증된 힉스(Higgs)입자 역시 그렇다. 다만 현대에 와서는 관련 실험에 거대한 장치와 막대한 비용이 소요되며, 실험을 통한 입증에 오랜 시간이 걸리는 것이 특징이다.

힉스입자의 확증은 근래 물리학계의 아주 중요한 성과였다. 힉스입자는 자연과 물질의 근본을 이루는 입자 중 하나로, 이른바 '신의 입자(God particle)'로도 불린다. 즉 힉스입자는 현대 입자물리학 이론에서 기본 입자들과 상호작용해 질량을 부여하는 입자로서, 만약 힉스입자가 존재하지 않는다면 오늘날 입자물리학의 기본 뼈대라고 할 수 있는 '표준 모형'이 전면 수정되어야 한다.

1964년에 이 입자의 존재를 예언한 피터 힉스(Peter Higgs, 1929-2024)는 유럽입자물리연구소(CERN)가 입자의 존재를 실험적으로 증명한 후인 2013년에 노벨물리학상을 수상하였다. 유럽입자물리연구소는 힉스입자의 존재를 밝혀내기 위해 거대강입자가속기(Large Hadron Collider, LHC)를 가동해왔다. LHC는 유럽입자물리연구소가 기존 가속기를 개량하여 완공한 세계 최대 규모의 충돌형 원형 가속기로, 그 둘레가 무려 27킬로미터에 이른다. LHC는 양성자 여러 개를 뭉친 양성자 빔을 빛의 속도에 가깝게 가속시킨 뒤 서로 반대 방향으로 회전해 충돌시킨다. 이때 생성되는 입자의 자취를 통해 힉스입자를 확인할 수 있었다.

다음 글에서 상술하는 중력파의 발견 역시 힉스입자의 경우와 유사하며, 이론으로 예견된 지 오랜 세월이 지나서야 확증되었다.

그러나 물리학에서 실험으로 먼저 확인되고 이후 이론이 정립되는 경우도 적지 않다. 대표적인 경우가 초전도 현상, 즉 특정 조건에서 전기의 저항이 0이 되는 현상을 발견한 일이다. 네덜란드의 물리학자 오너스(Heike Kámerlingh Onnes, 1853-1926)가 극저온에서 초전도 현상을 처음 발견한 것은 20세기 초반인 1911년의 일이다. 그는 이를 비롯한 저온물리학에서의 공적으로 1913년 노벨물리학상을 수상하였다.

극저온에서 특정 물질이 초전도체가 되는 현상을 이론으로 설명하는, 이른바 BCS(Bardeen-Cooper-Schrieffer) 이론이 나온 것은 한참 후의 일이다. 이 이론에 따르면, 임계온도 이하에서는 초전도체 내의 두 전자 간에 격자 진동을 통하여 인력이 작용해 이른바 쿠퍼 페어(Cooper pair)라 불리는 전자쌍이 형성된다. 그리고 쿠퍼 페어를 이루는 두 전자는 운동량과 스핀이 서로 역방향이기 때문에 전제적으로 운동량과 스핀이 모두 0인 상태를 이룬다. 초전도체 내에서는 거의 모든 전자가 쿠퍼 페어를 형성하면서 이들이 같은 방향, 같은 속도로 움직이기 때문에 저항이 전혀 없는 초전도 상태를 만든다는 것이다. 이 이론을 정립한 바딘(John Bardeen, 1908-1991), 쿠퍼(Leon N. Cooper, 1930-), 슈리퍼(John Robert Schrieffer, 1931-2019)까지 세 명의 물리학자는 1972년도 노벨물리학상을 공동으로 수상하였다.

그러나 이후 BCS 이론으로 설명하기 어려운 새로운 초전도체, 즉 극저온이 아닌 상당한 고온에서도 초전도 현상을 보이는 물질들이 잇달아 발견되었다. 이에 따라 초전도 연구 붐이 일었다. 고온초전도체를 발견한 물리학자들인 요하네스 베트노르츠(Johannes Georg Bednortz, 1950-)와 카를 뮐러(Karl Alexander Müller, 1927-)는 1987년에 노벨물리학상을 받았다.

BCS 이론에 의하면, 초전도 현상을 나타내는 임계온도는 경우에 따라 다르지만, 계산식에 의하면 대략 절대온도 30도(30K)를 넘기가 어렵다. 그리고 기존의 극저온이 아닌 고온에서의 초전도 현상을 제대로 설명할 수 있는 이론은 아직 없다. 만약 BCS 이론을 보완 또는 대체할 만한 새로운 초전도 이론을 정립하는 물리학자가 나온다면, 그 역시 노벨물리학상을 충분히 받을 만하다.

중력파를 검출한 레이저간섭계 중력파관측소(LIGO)

중력파 발견은
왜 근래 최고의 물리학 업적일까?

중력파의 검출은 근래 물리학계의 최대 성과로 손꼽힌다. 2016년 2월 11일, 이론으로만 존재하던 중력파를 실험으로 관측했다는 소식에 세계 물리학계는 온통 흥분과 축제의 분위기에 휩싸였다. 그 전해인 2015년 9월 14일 미국의 레이저간섭계 중력파관측소(Laser Interferometer Gravitational Wave Observatory, LIGO) 연구단 등에 의해 검출된 신호가 중력파가 확실하다고 발표했던 것이다.

1916년에 발표된 아인슈타인(Albert Einstein, 1879-1955)의 일반상대성이론에서 예견된 중력파가 100년 만에 실험으로 증명되었으니, 물리학계의 반응은 당연했고 금세기 최고의 성과로 꼽힐 만하다.

중력파란 시공간의 뒤틀림 자체가 파동처럼 전달되는 것이다. 중력파는 매질 없이 전파된다는 점에서는 전자기파와 유사하나, 매질뿐 아니라 전기장 또는 자기장과 같이 파동을 형성하는 별도의 장(Field)조차 없다는 점에서 전자기파와 성격이 다르다.

전자기파는 과거 19세기에 수식으로 예측한 지 10여 년이 지나서 실험으로 검출된 반면에, 중력파는 이론으로 예언된 지 무려 100년이 지난 후에야 실험으로 확인되었는데, 그 이유는 무엇일까? 더구나 전자기파의 존재가 입증된 지난 19세기 말에 비해, 그동안 측정 장비를 비롯한 관련 과학기술이 비약적으로 발전했음에도 불구하고, 중력파의 입증에 무척 오랜 세월이 걸렸다.

물론 시공간 자체의 왜곡인 중력파를 실험으로 검출하기가 너무 까다로웠던 이유도 있겠지만, 중력파는 전자기파에 비해 그 세기가 비교도 안 될 정도로 미약하기 때문이다. 중력은 물질에 작용하는 궁극적인 네 가지 종류의 힘인 중력, 전자기력, 강력, 약력 중에서 가장 약한 힘이다. 반면에 전자기력은 강력 다음으로 강한 힘으로 전자(Electron)

를 기준으로 비교할 때 전자기력은 중력에 비해 무려 약 10의 40제곱만큼이나 강하다. 따라서 중력파 역시 전자기파에 비해 너무도 미약할 수밖에 없어서, 중력파의 존재를 처음 예측한 아인슈타인 스스로도 과연 중력파의 존재를 입증하는 날이 올 수 있을지 반신반의했다.

전하를 띤 물체가 가속운동을 하면 전자기파가 발생하는데, 전자기파의 일종인 마이크로파로 음식을 데우는 전자레인지(Microwave oven)에는 전자를 가속시키는 마그네트론이라는 핵심부품이 들어 있다. 대규모로 전파를 송출하는 지상파 방송용 송신 안테나, 군사용 레이더도 같은 원리이다.

전하의 운동에 의한 전자기파의 발생과 유사하게, 질량과 중력을 지닌 물체가 가속운동을 하면 중력파가 발생한다. 그러나 중력파는 너무도 미약하므로, 중성자별이나 블랙홀 정도의 엄청난 밀도와 중력을 지닌 물체가 빠른 가속운동을 해야만, 지구에서 검출 가능할 정도의 세기를 지닌 중력파가 발생한다.

2016년에 최초로 확인된 중력파도 태양 질량의 약 36배와 29배의 질량을 지닌 두 블랙홀이 가까워져서 충돌할 때 나온 것이다. 그럼에도 불구하고 그 중력파의 최대 진폭은

10의 21제곱분의 1 수준으로 1광년, 즉 빛이 1년 동안 가는 거리에서 머리카락 굵기 정도로 변화하는 수준이니, 얼마나 측정이 어려울지 짐작할 수 있다.

전달되는 매질도, 전자기장과 같은 것도 없지만 중력파도 엄연한 파동이기 때문에, 음파나 전자기파처럼 에너지를 지닌다. 따라서 중력파를 대거 방출하는 계는 점차 그 에너지를 잃어갈 수밖에 없다. 지난 1974년 미국의 테일러(Joseph Hooton Taylor, 1941-)와 헐스(Russell Alan Hulse, 1950-)는 쌍성 펄서의 공전 주기가 매년 조금씩 짧아지는 것이 중력파를 통하여 에너지를 방출하기 때문이라고 해석하였다. 즉 중력파의 존재를 간접적으로나마 입증한 셈인데, 이들은 이 공로로 1993년도 노벨물리학상을 수상하였다.

태양 주위를 공전하는 지구도 등가속도 운동을 하는 계이므로 극히 미세하게나마 중력파를 방출할 것이다. 그러나 지구는 중성자별이나 블랙홀에 비해 너무 가벼우므로, 중력파에 의해 공전이 영향을 받는 정도는 태양이 수명을 다할 때까지 무시해도 좋을 것이다.

중력파를 성공적으로 관측한 레이저간섭계 중력파관측소(LIGO)는 매우 거대하고 값비싼 실험 시설이다. 미국의

LIGO는 워싱턴 주의 핸포드에 하나, 거기서 3,000킬로미터 떨어진 루이지애나 주의 리빙스톤에 다른 하나가 있다. 서로 멀리 떨어진 두 개의 실험실인 것이다.

LIGO는 거대한 마이컬슨 간섭계(Michelson interferometer)의 일종으로 볼 수 있는데, 각 시설에는 길이가 4킬로미터에 달하는 긴 다리 같은 두 개 건물이 90도 각도로 놓여 있다. LIGO의 사양 및 실험 조건은 상상하기 어려울 정도로 예민하고 까다로운 수준이다. 왜냐하면 우주에서 날아오는 미세하기 그지없는 중력파를 검출하기 위해서 거대한 간섭계 내부는 초진공 상태가 되어야 하며, 땅의 진동에도 대응해야 하기 때문이다. 즉 거의 극한에 가까운 수준을 유지해야 한다.

LIGO 건설의 아이디어를 낸 사람은 영화 〈인터스텔라〉 자문으로도 잘 알려진 킵 손(Kip Thorne, 1940-) 교수인데, 다른 두 명의 물리학자와 공동으로 2017년도 노벨물리학상을 받았다.

(3부)

과학기술의 온고지신

국보로 승격되면서 공주 충청감영 측우기로 명칭이 바뀐 금영측우기
ⓒ Trainholic

측우기가 중국의 발명품이라고?

자랑스러운 우리의 과학 문화재 중에는 세계 최초인 것들도 적지 않다. 즉 서양보다 훨씬 앞선 금속활자, 설계도가 남은 최초의 로켓무기로서 근래에 복원된 신기전(神機箭)은 국제적으로도 널리 공인받은 바 있다. 그런데 당연히 우리의 것이라 여겨온 익숙한 과학 문화재가 엉뚱하게도 해외 학계에서는 다른 나라에서 유래된 것으로 알고 있는 경우가 있다. 이런 안타까운 사례의 대표적인 것이 세계 최초의 강우량 측정기구인 측우기(測雨器)이다.

근래에 장영실(蔣英實)을 주인공으로 한 공중파 드라마나 영화가 방영되면서 장영실과 그의 삶 그리고 세종대왕 시절의 우리 과학기술 수준에 대한 관심이 크게 높아졌다. 장영실에 대해서는 아직 명확히 밝혀지지 않은 것들도 있고 오해도 적지 않은데, 일반 대중 중에는 측우기가 장영실의 발명품이라고 아는 사람도 적지 않을 것이다.

그러나 측우기를 발명한 사람은 장영실이 아니라 세종의 장남인 문종이다. 즉 문종이 세자 시절에 그릇 등에 빗물을 받아 양을 재는 방식으로 강우량을 정확히 측정하는 방법을 연구했다. 그 결과 세종 23년(1441)에 측우기를 발명했다. 이듬해인 세종 24년(1442)에는 측우기를 이용한 전국적인 우량 관측과 보고 제도가 정립되어, 중앙의 천문기상 관서인 서운관(書雲觀) 및 전국 팔도의 감영과 관아에 측우기를 설치하고 강우량을 기록하게 하였다.

측우기라는 명칭이 사용된 것도 세종 시절부터이며, 서양의 우량계보다 200년 가까이 앞서는 세계 최초의 정량적 강우량 측정기이다. 즉 이탈리아의 과학자 카스텔리(Benedetto Castelli, 1578-1643)가 우량계를 제안한 것은 1639년이었고, 영국의 천문학자인 렌(Christopher Wren, 1632-1723)에 의해 유럽 최초의 강우량 측정기가 실제로 만들어진 것은 1662년의 일이다. 임진왜란과 병자호란의 혼란기를 거치면서 측우기를 이용한 강우량 측정제도는 한때 명맥이 끊겼으나 영조 시대에 부활하여, 측우기에 의한 강우량 관측과 보고는 20세기 초에 근대적 기상 관측이 시작될 때까지 계속되었다.

형태나 구조만 놓고 본다면 빗물을 받는 통에 눈금을 설치한 측우기 자체는 그리 대단한 발명품이 아니라 여길 수도 있다. 비슷한 시기인 세종대에 발명된 자격루(自擊漏)와 옥루(玉漏)는 물시계일 뿐 아니라 옥녀(玉女), 무사(武士), 십이신(十二神) 등의 여러 인형이 등장하여 북과 종, 징을 쳐서 시각을 알리는 자동장치(Automaton)이다. 측우기에 비해 훨씬 복잡하고 정교하게 제작된 발명품인 셈이다.

그러나 농업사회에서 강우량을 인공적으로 측정하는 일을 제도화시켰다는 사실은 세계사적으로도 대단히 중요한 의미를 지닐 뿐 아니라 숭고한 애민(愛民) 정신을 반영한 것이라 하겠다. 그리하여 측우기가 널리 반포된 1442년(세종 24년) 5월 19일을 기념하기 위하여, 1957년에 우리 정부는 이날을 발명의 날로 제정했다.

세종 시절의 측우기는 현재 남아 있는 것이 없고, 현존하는 측우기로는 헌종 3년(1837)에 제작되어 공주감영에 설치되었으나, 이후 일본에 반출되었다가 반환된 금영(錦營) 측우기가 유일하다. 그러나 물통을 제외한 받침대 부분, 즉 측우대는 경상감영의 선화당 측우대와 창덕궁 측우대 등 여러 기가 남아 있다. 원래 보물로 지정되었던 금영측우기 및 측우대 2기는 2020년에 국보로 승격되면서 명칭이 '공주 충청감영 측우기', '대구 경상감영 측우대', '창덕궁 이문원 측우대'로 명칭이 바뀌었고, 각각 국보 제329-331호로 지정되었다.

측우기가 중국의 발명품이라는 설의 유일한 근거는 예전에 선화당 측우대라고도 불렸던 대구 경상감영 측우대에 쓰여 있는 '건륭경인오월(乾隆庚寅五月)'이라는 문구이다. 건륭은 청나라 고종 황제의 연호이니, 측우기는 중국에서 만들어서 조선에 하사한 것이라는 주장이다. 당시 조선에서는 청나라의 연호를 널리 사용하고 있었음을 중국의 학자들도 잘 알고 있을 터인데, 더 나아가 세종 시절의 측우기도 명나라에서 제작되어 하사되었을 것이라는 억지를 부리는 것이다. 더구나 중국에는 실물로 전해오는 측우기나 측우대가 없는 것은 말할 것도 없고, 측우기에 의한 강우량 관측 기록도 전혀 없다.

그럼에도 불구하고 『중국의 과학과 문명』의 저자로서 중국과 동양 과학사 연구의 최고 권위자였던 조지프 니덤(Joseph Needham, 1900-1995)이 "측우기는 한국(조선)에 운용 기록과 실물이 전해오지만, 중국에서 먼저 발명되었다"는 잘못된 주장을 하는 바람에 중국에 우선권을 빼앗길 위기에 처하게 되었다. 니덤 등이 저술하여 우리나라에도 번역본이 나온 『조선의 서운관』에서도 측우기가 중국에서 일찍이 당대(唐代)부터 사용되어왔을 것이라고 주장한 중국 학자를 역성든 바 있다. 우리나라의 과학사학자들은 측우기 중국 발명설의 허구성을 날카롭게 비판해왔고, 이에 대해서 중국의 학자들은 당연히 제대로 된 반박을 내놓지 못했다. 그러나 중국과 동양의 과학기술사를 연구하는 서양 학자들은 니덤의 제자들이 주류를 형성해왔기에, 그동안 그들의 생각을 바꾸기는 쉽지 않았던 것이 안타까운 현실이다.

측우기와 비슷한 사례로서 세계 최초의 목판인쇄본 다라니경도 위기에 처하기는 마찬가지이다. 1966년 경주 불국사 석가탑의 해체, 복원 공사 중에 우연히 발견된 '무구정광대다라니경(無垢淨光大陀羅尼經)'은 국보 제126호로 지정되었으며, 705년 전후의 인쇄물로 여겨지는 세계에서 가장 오래된 목판 인쇄물이다. 팔만대장경, 금속활자와 아울러 우리 조상들의 뛰어났던 인쇄문화를 증명하는 또 하나의 귀중한 과학 문화재이다.

다라니경의 정확한 인쇄연도를 알기는 어렵지만 석가탑 건립 연대의 하한선인 751년이라고 가정하더라도, 그전까지 세계에서 가장 오래된 인쇄물로 알려졌던 일본의 '백만탑다라니경(百萬塔陀羅尼經, 770년 인쇄)'보다 20년가량 앞선다.

그런데 불행하게도 다라니경 역시 세계 학계에서는 우리의 것이 아니라 중국의 것으로 더 널리 알려져 있다. 즉 다라니경에서 발견된 일부 한자가 당나라의 측천무후 시기(690-705)에만 쓰이던 것이었으므로, 다라니경은 중국에서 인쇄되어 신라로 전해진 것이라는 주장이다. 조지프 니덤이 그의 책 『중국의 과학과 문명』에서 다라니경 역시 중국의 편을 들어준 바 있다.

당나라에서 쓰던 한자를 신라에서도 도입해 썼다는 것은 지극히 상식적이다. 그리고 다라니경의 종이가 당나라 것이 아니라 신라 것이라는 일본 보존과학자들의 분석 결과가 나오는 등, 다라니경이 신라에서 만들어졌음을 입증하는 여러 고고학적 증거가 있음에도 불구하고, 중국의 학자들은 다라니경에서도 '과학판 동북공정'을 한동안 멈추지 않았다.

최근 우리의 과학 문화재에 대한 대중의 관심이 높아지고 있는 것은 다행스러운 일이나, 막연하게 전통 과학기술의 우수성을 강조하는 데에만 그쳐서는 안 된다. 우리 과학기술의 뿌리와 정체성을 제대로 확립하여, 우리의 것을 남에게 빼앗길지도 모르는 어처구니없는 상황에도 능동적으로 대처해야 한다.

1795년에 묘사된 거북선의 모습
ⓒ I, PHGCOM / GNU Free Documentation License

거북선은 철갑선인가?

우리는 어릴 적부터 '세계 최초의 철갑선' 거북선을 교과서 등에서 접해왔다. 근래에 이순신 장군을 주인공으로 한 소설과 드라마, 영화를 자주 접하면서, 임진왜란 때 조선 수군이 연전연승을 거둔 비결이 이순신 장군의 뛰어난 전략과 리더십에 더하여, 주력 전투함과 화포 등 왜군에 비해 월등했던 무기의 성능에도 있다는 것을 아는 사람들이 많아졌다.

그런데 거북선이 세계 최초의 철갑선인가 아닌가 하는 것은 논란이 되는 문제인데, 100년이 넘도록 논쟁이 이어졌다. 또한 거북선이 임진왜란 당시 수많은 왜군의 배를 침

몰시킨 조선 수군의 주력 전투함이라 알고 있는 사람도 많을 것이다.

그러나 조선 수군의 주력 전투함은 거북선보다는 판옥선(板屋船)이었고, 거북선은 오늘날 육군의 탱크처럼 돌격선 역할을 했다고 볼 수 있다. 그리고 거북선이 실제로 철갑선이었는지 여부는 지금도 학자들 간에 의견이 엇갈리는 문제로 보다 조심스럽게 살펴볼 필요가 있다.

조선의 주력 전투함이었던 판옥선은 임진왜란 직전인 명종 대에 만들어졌고, 기존의 평선(平船)과 달리 2층 구조로 건조해서, 노를 젓는 병사들은 배의 아래층에, 공격을 담당하는 병사들은 위층에 배치하였다. 판옥선은 갑판이 높아서 왜군의 장점인 선상 백병전을 방해했을 뿐 아니라, 아군의 활쏘기, 함포공격을 훨씬 용이하게 만들어 전투력과 기동성, 견고함을 두루 갖추게 한 뛰어난 함정이다.

거북선에 관한 최초의 기록은 조선 초기 태종 대의 『조선왕조실록(朝鮮王朝實錄)』에 처음 나온다. 이 거북선과 임진왜란 당시의 거북선이 어떤 관계인지는 명확하지 않으나, 이순신 장군은 판옥선의 윗부분을 덮어씌우는 방식으로 거북선을 창안한 것으로 보인다. 그러나 거북선은 "두터운

장갑을 두르고 그 위에 칼, 송곳 등을 꽂아놓았다"고 전해질 뿐 명확히 '철갑'을 썼다는 기록은 없다. 역설적이게도 서양과 일본에서 거북선을 '세계 최초의 철갑선'이라 인정하는 편이다.

이에 대해 일부 국내 과학사학자들은 조심스러운 반론을 제기하고 있다. 즉 임진왜란 당시 왜군 장수들이 패전을 변명하고자 "메쿠라부네(めくらぶね, '장님배'라는 뜻으로 왜군들이 거북선을 지칭하던 말)가 무시무시한 철갑선이어서 도저히 당해낼 수가 없었다"라고 둘러댔고, 근대 이후 한반도 침략의 야망을 키우던 일본이 임진왜란 당시의 패배를 합리화하고자 철갑선 주장을 부풀렸다는 것이다. 거북선이 세계 최초의 철갑선이었다는 주장이 나오는, 1895년에 쓴 유길준의 『서유견문(西遊見聞)』 역시 군국주의적인 일본 서적의 영향을 받았다는 것이다.

거북선이 탁월한 위력을 지닌 당대 최고 수준의 전투함인 것은 분명하지만, 철갑선 여부는 보다 합리적인 접근과 철저한 고증이 필요해 보인다.

천 년 이상 경주를 지켜온 아름다운 건축물로서 국보 제31호인 첨성대 또한 한동안 논란이 있던 문화재이다. 첨성대(瞻星臺)라는 명칭의 사전적 의미가 '별을 보는 구조물'이므로 예전에는 당연히 천체 현상을 관측하는 천문대로 이해해왔다. 그러나 1970년대 이후 첨성대의 외관이나 내부 구조가 별이나 천체를 관측하기에는 상당히 불편하고 부적절하다는 주장이 나오면서, 첨성대가 과연 천문대인가 아닌가 하는 논쟁이 생겼다.

즉 천문대라기보다는 하늘에 제사를 지내는 제단(祭壇)이나 일종의 상징물로 보는 것이 타당하다는 설이 힘을 얻기도 하였다. 이에 대하여 확실하지도 않은 주장으로 우리의 자랑거리를 스스로 깎아내리는 어리석음을 범하고 있다는 비판도 제기된 바 있다. 또한 개방형 돔 형태의 천문대, 또는 태양고도나 동지점(冬至點)을 알아내는 다목적 관측대일 거라는 주장도 있었다.

사실 첨성대에 관한 과거 기록들을 보면, 무엇을 하기 위하여 세운 것인지 정확하지 않고 해석에 따라 다른 관점이 나올 여지가 있다. 고려시대인 1281년 무렵에 간행된 『삼국유사(三國遺事)』에 첨성대에 관한 기록이 처음 나오지만 "신라 선덕여왕 대에 첨성대를 세웠다"라고 쓰여 있을 뿐, 어떠한 용도로 건설하였는지에 대해서는 언급되어 있지 않다.

조선시대인 15세기 말의 『신증동국여지승람(新增東國輿地勝覽)』에는 "첨성대는 위가 네모나고 아래는 둥글며, 속이 비어 있어서 사람이 오르내리면서 천문을 물었다"라고 그 구조와 기능에 대하여 보다 구체적으로 서술되어 있다. 그런데 여기에서 '천문을 물었다(以候天文)'라는 구절을 현대적 의미로 '천체를 관측하였다'라고만 해석하면 곤란하다고 보는 견해도 있다.

즉 고대 사회에서 천문을 묻는 행위란 구체적으로 해, 달, 별의 천체를 관측하는 데에만 국한된 것이 아니라, 하늘의 뜻을 헤아리고 제례를 지내는 행위를 포괄하는 의미로 볼 수 있다는 것이다. 이런 관점에서 본다면 첨성대가 근대적 의미의 천체 관측소이든, 상징물이나 제단이든 문제될 것이 없다. 따라서 첨성대가 고대의 천문대라는 정설에는 변함이 없는 셈이다.

양자통신 실험에도 사용된 묵자의 초상화
ⓒ Vjacheslav Rublevskiy

묵자와 고대 중국의 과학기술

춘추전국시대 중국의 사상가 중에 묵자(墨子)가 있다. 제자백가 중 하나인 묵가의 지도자로서 겸애설을 주장했다는 정도로 아는 사람이 대부분이겠지만, 실은 여러모로 흥미롭고 여전히 논란이 되는 베일에 싸인 인물이기도 하다.

먼저 그를 왜 묵자라고 부르는가에 대해서부터 견해가 분분하고, 생몰연도나 신분도 명확하지 않다. 즉 묵자의 이름은 묵적(墨翟)이지만 당시 중국에는 묵 씨라는 성이 없었다고 하며, 따라서 얼굴에 먹물을 새기는 묵형을 받은 죄인 또는 얼굴이 검은 외국인 출신이었다는 주장마저 있다.

중국의 역사서 『사기(史記)』에 의하면 묵적은 송나라에서 대부 벼슬을 지냈다고도 하지만, 묵자와 그를 따르는 묵가의 제자들이 수공업자나 장인 등 신분이 낮은 계급 출신이었다는 것은 거의 확실해 보인다.

겸애(兼愛), 근검(勤儉), 비공(非攻)으로 대표되는 묵가의 사상은 당시로서 매우 혁명적이었다고 보는 연구자들이 적지 않다. 공자, 맹자의 유가와 쌍벽을 이룰 정도로 대단한 학파를 형성했던 묵가가 이후 맥이 끊기면서 소멸한 것도, 그들의 평등사상에 위협을 느낀 지배층으로부터 탄압을 받은 것이 큰 이유로 꼽힌다.

묵자의 기록인 『묵경(墨經)』에는 사회사상뿐 아니라 과학기술 면에서도 매우 놀라운 것들이 많다. 오늘날 카메라의 기원인 카메라 옵스큐라(Camera obscura)는 라틴어로 '어두운 방'을 뜻하는데, 캄캄한 방의 한쪽 벽에 작은 구멍을 뚫고 빛을 통과시켜서 바깥의 풍경을 거꾸로 비치게 한 것이다. 이는 11세기 이슬람의 과학자 이븐 알 하이삼(Abu Ali al-Hasan Ibn al-Haitham, 965-1040)이 쓴 『광학의 서(Opticae thesaurus)』에 구체적으로 명시되어 있지만, 놀랍게도 이보다 무려 1,500년 정도나 앞선 묵자의 기록에도 거의 같은 것이 적혀 있다. 고대 그리스의 아리스토텔레스(Aristoteles, BC 384-322)도 카메라 옵스큐라와 비슷한 실험을 했다고 알려져 있지만, 이보다 100년 정도는 앞선 셈이다.

『묵경』에는 그 밖에도 기하학, 물리학, 광학과 관련된 많은 지식이 함께 소개되어 있다. 그중에는 "힘이란 물체가 움직이는 근원이다(力 刑之所以奮也)"라는 구절도 있는데, 뉴턴(Isaac Newton, 1642-1727)의 운동법칙과도 비슷하게 해석될 수 있다.

묵자와 관련된 인물 중에 공수반(公輸般)이 있다. 공수반은 일명 노반(魯班)으로 불리며 당대 최고의 목수이자 군사기술자로 꼽히는 인물로, 공성의 무기인 운제(雲梯)를 발명했다. '구름에 닿는 사다리'라는 뜻의 운제는 현대식으로 말하자면 고가 사다리차로 볼 수 있다. '반문농부(班門弄斧)'라는 고사성어가 있는데, '노반의 문 앞에서 도끼질을 자랑한다'는, 즉 시쳇말로 공자 앞에서 문자 쓴다는 의미이다.

송나라를 치려는 강대국 초나라의 혜왕 앞에서, 묵자와 공수반이 공격과 수성의 '모의 전투 시뮬레이션 게임'을 한 것은 매우 유명한 얘기이다. 공수반이 일반적인 공성방법, 그리고 그가 자랑하는 운제(雲梯)를 이용한 공격, 또는 성 아래로 땅굴을 파는 방법 등 아홉 가지 방법으로 공격을 했는데, 묵자는 이를 모두 물리쳤다고 한다.

그러자 공수반이 크게 화를 내면서 "내가 확실하게 이길 수 있는 단 하나의 방법을 알고 있지만 여기서 말하지 않겠다"고 했는데, 자신을 죽일 수도 있다는 의미임을 알아차린 묵자가 다음과 같이 대답했다고 한다. "이러한 수성 방법은 나의 제자 수백 명이 이미 알고 있고 그들이 송나라 주변으로 갔으니, 나 한 사람 죽여봐야 아무 소용이 없다." 결국 초나라 혜왕은 송나라를 공격할 계획을 거두었다고 한다.

당시 묵자는 모의 전투 과정에서 연발식 화살 발사장치, 원통형 방어무기뿐 아니라, 수중음파탐지기, 독가스 등 온갖 첨단기술을 동원하였다. 이러한 과학기술을 활용한 방어무기 제작과 수성방법은 중국의 유명한 병서인 『손자병법(孫子兵法)』에도 나오지 않는 것이다.

이러한 맥락에서 만들어진 영화가 〈묵공(墨攻, Battle Of Wits)〉(2006)이다. 일본 작가의 소설과 만화를 원작으로 하여 중국의 장지량 감독이 연출을 맡고 유덕화, 안성기 등이 주연으로 나온 한중일 합작영화이다. 조나라가 연나라를 치러 가는 길에 있는 작은 성인 양성을 지키려 묵가의 제자 혁리(유덕화 분)가 파견된다. 양성의 왕자 등은 고작 한 명의 원군이 무슨 도움이 되겠느냐고 의구심을 품지만, 성 주민과 왕을 설득하여 전권을 위임받은 혁리가 묵자가 모의 전투에서 공수반을 이긴 것과 같은 독창적인 방법으로 항엄중 장군(안성기 분)이 이끄는 조나라의 10만 대군을 막아낸다는 이야기이다.

중국은 2016년에 쏘아 올린 세계 최초의 양자통신 실험위성의 이름을 묵자(墨子, Micius)호라고 지었다. 물론 묵자의 높은 과학기술 지식을 기리기 위함이었을 것이다. 이듬해인 2017년 6월에는 이 위성으로 1,200킬로미터 이상 떨어진 지역에 양자 정보를 순간 이동시키는 실험에 성공하여, 저명 과학 저널인 《사이언스》 표지에 소개된 바 있다. 이어서 2018년 초에는 중국 베이징에서 7,600킬로미터 떨어진 오스트리아 빈 인근까지 묵자의 초상화 이미지를 암호화하여 전송하는 실험에도 성공하였다.

중국 과학사 연구의 최고 권위자였던 조지프 니덤(Joseph Needham, 1900-1995)도 『묵경』을 읽어보고 크게 감명을 받아서 고대 중국의 과학기술을 심층 연구했다고 한다. 묵자의 수준 높았던 과학기술과 아울러, 그의 평화사상도 재조명할 필요가 있다.

안티키테라의 기계
ⓒUnknown / CC-BY-2.5

안티키테라의 기계와
로스트 테크놀로지

오랜 옛적의 과학기술은 오늘날에 비하면 보잘것없다고 생각하기 쉽다. 물론 현대의 온갖 첨단 과학기술과 고대의 과학기술 수준을 그대로 비교하기에는 무리가 있다. 그러나 고대의 과학기술 유물 중에는 예상외로 높은 수준이었던 것들도 적지 않다. 특히 고대 그리스 시대의 일부 기계와 유물들은 근대사회 이후의 여러 발명품과 놀라울 정도로 비슷한 것들이 많으며, 너무도 정교하고 훌륭해서 그 옛날에 발명된 것으로 도저히 믿기지 않는다. 대표적 사례로서 최근에야 그 정체가 밝혀지고 있는 '안티키테라의 기계(Antikythera Mechanism)'가 있다.

이는 1901년경에 그리스 안티키테라 섬 부근 바다 밑에서 발굴된 유물이다. 약 2,100년 전에 난파된 고대 그리스의 선박에서 항아리, 장신구, 조각품 등 다른 유물들과 함께 발견됐는데, 매우 복잡하고 정교한 톱니바퀴 장치들로 되어 있어서 그 용도와 정체를 오랫동안 알 수 없었다. 안티키테라 기계의 제작 연대는 기원전 200년부터 기원전 70년 사이로 추정되어왔다.

　이 기계를 연구해온 학계에서는 안티키테라 기계가 세계 최초의 계산기, 또는 아날로그 컴퓨터의 부품 일부일 가능성을 제기해왔고, 거기에 쓰인 글자들을 근거로 천체와 관련 있을 것으로 추측해왔다. 즉 여러 나라의 학자들로 구성된 연구팀은 X선 스캐닝으로 기계 표면에 새겨져 있는 아주 작은 글자들을 판독한 결과, 해, 달, 별의 위치와 움직임, 일식의 예측에 관한 것이라고 한다.

　연구자들은 글자의 해독과 함께 수십 개의 청동 기어로 이루어진 이 기계를 현대적으로 복원하고 분석하면서 끈질기게 연구해온 결과, 놀라운 사실들이 밝혀졌다. 즉 안티키테라의 기계가 천체의 움직임을 정밀하게 계산해낼 수 있는 일종의 '달력 컴퓨터'로서, 1년 365일과 윤년의 계산뿐 아니라 일식과 월식의 순환 주기인 사로스 주기(Saros cycle)에 따른 일식과 월식도 예측할 수 있다는 것이다. 그리고 수성, 금성, 화성 등 행성들의 운동과 함께, 달이 지구 둘레를 타원궤도로 돌면서 생기는 변칙적인 움직임까지 미리 알 수 있다고 한다.

안티키테라 기계는 천문 측정의 수준에서도 탁월하며, 기계 장치 면에서도 시대를 크게 앞섰다고 볼 수 있다. 차동(差動)기어 장치의 개념은 유럽에서 16세기에 와서야 선보였기 때문이다. 그리고 이를 이용한 근대적 컴퓨터의 시조는 1830년대에 영국의 수학자 배비지(Charles Babbage, 1792-1871)가 발명한 '자동적으로 연산이 가능한 계산기'라고 볼 수 있는데, 안티키테라의 기계 역시 기술 수준이 이에 못지않은 '고대의 컴퓨터'라고 불릴 만하다.

여전히 연구가 진행 중인 안티키테라 기계는 시대를 초월한 듯한 놀라운 것이지만, 초고대문명의 증거라는 식으로 지나치게 신비주의적으로 해석하는 일은 경계해야 한다. 비슷한 시기인 고대 그리스 알렉산드리아 시대에도 증기기관의 원조라 볼 수 있는 헤론(Heron)의 증기구(蒸氣球), 즉 '에오리아의 공(Aeolipile)'이라는 장치가 발명되었기 때문이다. 헤론은 이 밖에도 증기의 힘을 이용한 '저절로 열리는 신전의 돌문', 오늘날의 커피 자동판매기와 유사한 '성수(聖水) 자동판매기' 등을 선보였다. 그보다 앞선 고대 그리스의 수학자 아르키메데스(Archimedes, BC 287?-212) 역시 전쟁 시 적의 군함을 부수는 기중기와 투석기, 현대의 고출력 레이저 무기에 비견할 적함을 불태우는 태양광선 집속 무기를 고안했다고 전해진다.

따라서 인류가 근대와 현대에 들어와서 발명하거나 발견한 것들이 모두 최초가 아니라, 이미 고대의 사람들이 이루어놓았던 것들을 재발명 혹은 재발견한 것으로 볼 수도 있다. 오랜 옛날에 선보였던 뛰어난 과학기술 중 이후 맥락이 끊겨서 오늘날에는 정확한 실체를 알기 어려운 것들도 적지 않다. 이른바 로스트 테크놀로지(Lost Technology), 즉 '실전(失傳)기술'이라 불린다. 안티키테라의 기계 역시 이에 해당한다.

그리스와 관련된 또 다른 대표적 실전기술로서, 이른바 '그리스 불(Greek fire)'이라고 불린 일종의 고대 화약이 있다. 이는 적군의 함선을 향해 뿌리거나 항아리에 담아서 투석기로 던지는 방식으로 전투에 사용되었다고 한다. 한 번 불이 붙으면 물로도 잘 꺼지지 않았기 때문에 특히 해전에서 효과적이었다. 동로마제국, 즉 비잔틴제국 시대에 주로 이용되었는데, 기록에 의하면 670년경에 시리아 출신의 기술자 칼리코니스(Kallinikos)가 발명했다고 한다.

비잔틴제국이 수많은 외침을 받고도 1,000년 동안이나 지속될 수 있었던 데는 이 무기의 힘도 컸다고 보는데, 비잔틴에서는 이를 만드는 방법을 철저히 비밀로 하였다고 한다. 이 때문에 이후로는 명맥이 끊겨서 오늘날에는 정확한 성분을 알기 힘들고, 황(黃), 주석(酒石), 수지(樹脂), 암염(岩鹽), 경유(輕油) 등을 혼합한 반액체 상태의 화약으로 추정되고 있다.

실전기술은 문화예술 분야에도 많은데, 여전히 세계적인 명품으로 꼽히는 초고가의 진귀한 악기인 스트라디바리우스(Stradivarius) 바이올린의 제작 방법, 우리나라에서도 오랫동안 맥이 끊겼던 비밀의 색감이었던 고려청자를 빚는 방법 역시 이에 속한다고 볼 수 있다. 그 밖에도 여러 분야에 수많은 사례가 있다.

실전기술은 오랜 옛날뿐 아니라 현대에 와서도 발생하는 예가 있어서 사람들을 당혹스럽게 한다. 과거 미국의 달탐사 계획인 아폴로(Apollo) 프로젝트에서 사용했던 새턴 5호(Saturn V) 로켓의 엔진 제조기술이 이에 해당한다. 1972년 12월에 발사된 마지막 달 착륙 유인 우주선인 아폴로 17호를 끝으로 아폴로 프로젝트가 종료되고 연구팀들도 뿔뿔이 흩어지다 보니, 당대의 가장 강력한 로켓이던 새턴 5호 로켓의 F1 엔진 기술도 빠르게 잊히며 사장되고 말았다.

따라서 2020년대에 미국 주도의 새로운 국제 달탐사 계획인 아르테미스(Artemis) 프로젝트가 시작되면서, 미국 항공우주국(NASA)은 과거의 새턴 5호 로켓 엔진 기술을 활용할 수 없었다. 그 대신 2011년 이후 퇴역한 우주왕복선의 엔진을 개량하여 우주발사시스템(Space Launch System, SLS)이라는 새로운 로켓을 개발할 수밖에 없었다.

새턴 5호 F1 엔진의 설계도를 보고 그대로 다시 만들면 되지 않느냐고 반문할지 모른다. 하지만 당시에는 컴퓨터를 활용한 설계가 일반화되지 않았고 수작업으로 일일이 도면을 그리던 시절이다 보니, 마감 시한에 쫓겨 빈번히 수정된 설계가 도면에 제대로 반영되지 않았다고 한다. 따라서 보관되어 있던 실제 F1 엔진과 최종 설계도가 달랐고, 눈에 보이지 않는 개발 기술과 노하우 등이 제대로 전달되지 않다 보니, 50년 정도밖에 안 된 기술이 로스트 테크놀로지가 되고 마는 어처구니없는 일이 일어난 것이다.

이는 심지어 첨단기술이라 해도 겉으로 드러나지 않는 지식이나 노하우, 즉 암묵지(暗默知, Tacit knowledge)가 제대로 보존, 전달되지 않으면 순식간에 로스트 테크놀로지가 될 수 있다는 중요한 교훈을 주는 경우다.

수백년간 풀리지 않은 의문의 정리를 남겼던 페르마

페르마의 마지막 정리와
골드바흐의 추측

수학에서 전문 학자들뿐만 아니라 일반 대중에게도 흥미와 관심을 끌게 만드는 것 중 하나가 잘 풀리지 않는 어려운 문제들이다. 대표적인 예가 '페르마의 마지막 정리'인데 약 350년간 풀리지 않는 숙제로 남아 있다가 1994년에야 완전히 증명되었다. 그러나 아직도 풀리지 않는 난문제(難問題)도 적지 않다.

역사적으로 난문제는 수학의 발전에 큰 역할을 해왔다고 볼 수 있다. 비록 문제를 바로 해결하지는 못했을지언정, 많은 수학자가 어려운 문제를 풀려고 애쓰는 과정에서 새로운 것들을 많이 발견했다.

17세기 프랑스의 수학자 페르마(Pierre de Fermat, 1601-1665)가 의문의 정리(定理)를 남긴 것은 1637년 무렵이다. 저서의 마지막 장에서 그는 "$x^n + y^n = z^n$의 관계식에서, n이 3 이상일 경우에는 이 식을 만족하는 x, y, z의 세 자연수는 존재하지 않는다"라고 밝힌 후, "나는 이 놀라운 정리를 발견하여 증명하였으나, 지면의 여백이 부족하여 증명은 생략하겠다"고 썼다.

위 식에서 만약 n이 2라면, 즉 $x^2 + y^2 = z^2$ 방정식의 경우에는 이를 만족하는 x, y, z의 세 자연수 쌍은 매우 많다. 이것은 곧 유명한 피타고라스의 정리를 만족하는 자연수들이기 때문에 이른바 '피타고라스의 수'로 알려져 있다.

일찍이 "모든 것은 수로 이루어져 있다"라고 말한 바 있는 피타고라스(Pythagoras, BC 582?-497?)는 기하학뿐 아니라 수의 성질에 관해서도 재미있는 연구를 많이 하였다. 이른바 사각수와 홀수의 관계를 이용하여 위의 피타고라스의 수를 찾아내는 방법을 알아내었는데 (3, 4, 5), (5, 12, 13), (7, 24, 25) 등이 이것을 만족하는 자연수 쌍이며 물론 이것의 배수들도 피타고라스의 수이다.

그러나 처음의 식에서 n이 3 이상이 되면 문제는 달라진다. 이 관계식을 만족하는 자연수 쌍이 하나도 없게 되는 것이다. 페르마 자신은 n이 4인 경우, 즉 $x^4 + y^4 = z^4$만 독특한 방법으로 증명하였다.

그가 죽은 후 수백 년 세월 동안 수많은 쟁쟁한 수학자들이 페르마의 마지막 정리를 증명하려고 무척 애썼으나 제대로 풀리지 않았다. n이 3인 경우는, 페르마보다 훨씬 이전에 이슬람의 수학자가 '그 방정식의 해는 존재하지 않는다'는 사실을 알고 있었고, 페르마 이후에는 18세기의 저명한 수학자 오일러(Leonhard Euler, 1707-1783)에 의해 증명되었다.

n이 5인 경우는 르장드르(Adrien Marie Le Gendre, 1752-1833), n이 7인 경우는 라메(Gabriel Lamé, 1795-1870)에 의해 증명되었고, 쿠머(Ernst Eduard Kummer, 1810-1893)는 일반적인 해법에 좀 더 다가갈 수 있는 중요한 단서를 제시하기도 했다. 하지만 이것을 완벽하게 증명한 사람은 20세기 말이 되도록 나타나지 않았다. 컴퓨터의 발달에 힘입어 400만 이하 수에 대해서는 증명했지만, 일반적인 해법에 도전한 내로라하는 수학자들이 자존심만 상한 채 실패하기 일쑤였다.

20세기가 저물던 1994년, 영국 출신의 수학자 앤드루 와일스(Andrew Wiles, 1953-)가 드디어 대수기하학의 여러 개념 등 현대수학을 동원하여 페르마의 마지막 정리를 완전하게 증명하였다. 와일스는 칩거 생활을 하면서 7년간 연구한 끝에 1993년에 이 정리의 증명을 내놓았으나 논리적 오류가 발견되어, 1994년 새로운 방법을 사용해 완벽히 증명하였다. 와일스는 열 살 무렵에 고향 마을의 도서관에서 페르마의 마지막 정리에 관한 책을 처음 접한 후 이 정리를 증명하는 것을 인생의 목표로 삼았다고 한다.

수백 년 만에 페르마의 마지막 정리를 증명한 와일스의 공적은 이른바 수학계의 노벨상이라 불리는 필즈상, 즉 필즈 메달(Fields Medal)도 충분히 받을 만한 역사적인 업적이라 하겠다. 그러나 그는 나이 40세 미만 수학자에게만 수여하는 수상 조건에 걸려서 공식적으로 필즈 메달을 받지는 못했다. 국제수학연맹에서는 1998년에 기념 은판을 제작해서 이를 대신하였다. 와일스는 또한 대단히 권위 있는 수학상으로 꼽히는 아벨상을 2016년에 수상한 것을 비롯해, 각종 수학상과 기념 메달을 휩쓸다시피 하였다.

와일스의 증명 과정과 페르마의 마지막 정리에 얽힌 상세한 이야기들은 인도 출신의 물리학자이자 과학저널리스트인 사이먼 싱(Simon Singh)이 1997년에 저술한 책 『페르마의 마지막 정리(Fermat's Last Theorem)』에 잘 소개되어 있다. 국내에도 번역되어 나온 이 책은 교양과학 분야 베스트셀러에도 오른 바 있다.

수백 년 동안 풀리지 않는 숙제로 남아 있던 페르마의 마지막 정리 못지않게 수수께끼였던 것은, 과연 페르마가 그것을 정말로 증명했겠느냐는 의문이다. 이에 대해서는 의견이 엇갈리지만, 대부분 학자는 당시의 수학 발달 정도에 비추어볼 때 증명이 불가능했으리라고 추측한다.

페르마의 마지막 정리는 증명되어 해결되었지만, 여전히 해결되지 않은 유명한 문제 중 하나로 '골드바흐의 추측(Goldbach's conjecture)'이 있다. 오래전부터 알려진 정수론 분야의 미해결 문제로, 2보다 큰 모든 짝수는 두 개 소수(素數, Prime number)의 합으로 표시할 수 있다는 것이다. 이때 하나의 소수를 두 번 사용하는 것은 허용된다.

예를 들어, 20까지의 짝수를 살펴보면 다음과 같다.

4 = 2 + 2
6 = 3 + 3
8 = 3 + 5

10 = 3 + 7 = 5 + 5

12 = 5 + 7

14 = 3 + 11 = 7 + 7

16 = 3 + 13 = 5 + 11

18 = 5 + 13 = 7 + 11

20 = 3 + 17 = 7 + 13

그러나 2보다 큰 모든 짝수에서 가능한지는 아직 명확히 증명되지 못했다. 이 문제의 유래는 프로이센의 수학자였던 골드바흐(Christian Goldbach, 1690-1764)가 1742년에 당대의 저명한 수학자 오일러에게 보낸 편지에서 시작되었다. 그는 이 편지에서 2보다 큰 모든 정수는 세 개의 소수 합으로 표현 가능하다고 추측한다고 제안하였다. 당시 골드바흐는 1을 소수로 취급하였기 때문에 그렇게 언급했던 것인데, 오일러는 답신을 통하여 이를 약간 수정하여 "2보다 큰 모든 짝수는 두 소수의 합으로 나타낼 수 있다"라고 표현하였다.

이 문제는 페르마의 마지막 정리만큼이나 유명한 문제로서 그동안 많은 수학자가 도전을 해왔으나 아직 풀리지 않고 있다. 이를 소재로 한 수학 소설인 『앵무새의 정리』(드니 게즈 저), 『골드바흐의 추측』(아포스톨로스 독시아디스 저)이 대중에게 큰 인기를 끌기도 했다. '페르마의 마지막 정리'와 마찬가지로 정수론 분야에 관한 것으로서 간결하게 표현되고, 수학자가 아닌 일반 대중도 그 의미를 어렵지 않게 이해할 수 있기 때문에 인기를 끈 것 같다.

그동안 수학자들이 수치적으로 골드바흐의 추측을 확인하려는 작업을 해왔는데, 컴퓨터의 발달에 따라 대단히 큰 짝수들에 대해서도 골드바흐의 추측이 성립된다는 사실이 밝혀졌다. 그러나 완전한 해법, 즉 수치적 확인이 아닌 일반적인 증명은 아직 나오지 않았다. 세계 각국의 수학자들이 노력한 결과 일반적인 증명에 보다 가까이 갈 수 있는 단서나 그와 관련된 정리들은 여러 가지가 제시되고 있다. 골드바흐의 추측을 완벽하게 증명하는 수학자가 나온다면 그 역시 역사에 이름을 길이 남길 것이다.

밀레니엄 7대 수학 난제의 하나인 리만 가설을 세운 수학자 리만

리만 가설이 증명되면
암호체계가 무너질까?

2018년에 영국의 수학자 마이클 아티야(Michael Atiyah, 1929-2019) 박사가 수학의 난문제 중 하나인 '리만 가설(Riemann Hypothesis)'을 증명했다고 해서 화제가 되었다. 아티야 박사는 수학의 노벨상이라 불리는 필즈 메달과 아벨상을 수상하는 등 많은 업적을 낸 원로 수학자이지만, 당시 90세에 가까운 고령이다 보니 수학계에서는 그다지 신뢰하지 않고 해프닝 정도로 보는 이들이 많았다. 아티야 박사는 자신의 주장을 확실하게 입증하지 못한 채 이듬해인 2019년에 세상을 떠났다.

리만 가설이란 19세기 독일의 수학자로 복소함수(複素函

數, Functions of complex variable)의 기하학적 이론의 기초를 닦은 리만(Georg Friedrich Bernhard Riemann, 1826-1866)이 소수(素水)의 패턴에 관해 제기한 가설이다.

리만은 1859년에 발표한 논문에서 1과 그 수 자신으로만 나누어떨어지는 소수들이 일정한 패턴을 가지고 있다는 학설을 언급하였다. 이는 리만 제타(ζ) 함수라 불리는 복소함수가 0이 되는 값들의 분포에 대한 가설을 의미한다. 즉 "제타 함수(ζ function)의 자명하지 않은(non-trivial) 모든 근은 실수부가 1/2이다"로 표현된다.

이 가설의 정확한 의미를 알려면 복소함수론에 대한 전문적 수학지식이 필요하므로 일반 대중이 이해하기는 쉽지 않으나, 많은 수학자가 지대한 관심을 가지고 해결하기 위해 노력해온 유명한 문제이다. 리만 가설은 150년 넘게 미해결 문제로 남으면서, 이제는 수학의 대표적 난제가 되었다.

앞서 언급한 '페르마의 마지막 정리'처럼, 유명한 난제들에는 으레 그럴듯한 일화가 있기 마련이다. 리만 가설 역시 1866년 리만이 사망한 후 가정부가 집을 정리하면서 그의 연구자료를 모두 태워버려, 이 가설에 대한 증거나 리만의 관련 연구를 확인할 길이 없게 되었다고 한다.

또한 소수 관련 분야는 여전히 미해결 부분들이 적지 않은데, 앞서 언급한 '골드바흐의 추측(Goldbach's conjecture)' 역시 소수와 관련된 유명한 난제이다. "2보다 큰 모든 짝수는 두 소수의 합으로 표시할 수 있다"는 이 추측은 리만 가설과 달리 초등학생 정도의 수학 상식만 있어도 그 뜻을 이해할 수 있을 것이다. 그러나 수백 년이 지난 오늘까지 이를 완벽히 증명한 수학자는 마찬가지로 한 명도 없다.

그런데 "리만 가설이 증명되면 소수의 비밀이 모두 풀릴 것이므로, 현행 암호체계가 모두 뚫려서 큰 혼란이 올 것이다"라는 '암호 괴담'이 떠돌아서 대중을 불안하게 하는데, 과연 정말일까? 대표적인 컴퓨터 공개키 암호 방식으로 숱하게 사용되는 RSA 암호는 물론 소수와 큰 관련이 있기는 하다. 두 개의 수를 곱하기는 쉽지만, 역으로 대단히 큰 자연수를 두 개의 소수로 소인수분해하기는 매우 어렵다는 데서 착안하여 만들어졌다. 암호 풀이를 위한 소인수분해를 설령 컴퓨터로 계산하더라도 최소 수백 년 또는 수만 년 이상 시간이 걸릴 것이므로, 안전한 암호체계를 구성할 수 있다.

그런데 리만 가설이 증명되면 소수 분포에 대한 새로운 사실을 제공할 것이라고 보는 사람들이 많지만, 설령 그렇다 하더라도 소인수분해를 실시간으로 매우 빨리하는 것은 좀 다른 문제이다. 따라서 리만 가설의 증명으로 암호체계가 무용지물이 된다는 괴담은 지나친 비약이다.

그보다는 양자컴퓨터(Quantum computer)가 상용화된다면 암호체계가 위협받을 가능성이 크다고 생각한다. 현재의 슈퍼컴퓨터로 수백 년 이상 걸리는 계산을 고성능의 양자컴퓨터라면 단 몇 분 내에 풀어낼 수도 있기 때문이다. 물론 그런 날이 오기 전에 현행 암호체계를 전면적으로 개편해야 할지도 모른다.

리만 가설은 미국의 클레이수학연구소(Clay Mathematics Institute, CMI)가 선정한 이른바 '밀레니엄 문제—7대 수학난제' 중 하나로 채택되었다. 미국의 부유한 사업가 클레이(Landon T. Clay, 1926-2017)와 수학교수 등이 수학의 발전과 대중화를 위해 설립한 클레이수학연구소는 2000년에 수학 분야의 중요한 미해결 문제 7개를 선정하고, 그 해결에 각 100만 달러의 상금을 내걸었다.

이들 7개의 난문제는 다음과 같다.

- P 대 NP 문제(P vs NP Problem)
- 리만 가설(Riemann Hypothesis)
- 양–밀스 이론과 질량 간극 가설(Yang-Mills and Mass Gap)
- 나비에–스토크스 방정식(Navier-Stokes Equation)
- 푸앵카레 추측(Poincare Conjecture)
- 버치와 스위너톤–다이어 추측(Birch and Swinnerton-Dyer Conjecture)
- 호지 추측(Hodge Conjecture)

앞서 언급한 골드바흐의 추측은 왜 밀레니엄 7대 난제에 포함되지 않았는지 의문이 들 수 있다. 나의 생각으로는 수학의 측면뿐 아니라 다른 과학 분야와의 관련성이나 증명 시 파급효과도 고려하지 않았을까 싶다. 즉 P 대 NP 문제는 컴퓨터 과학에서도 매우 중요한 의미를 지니고, 양–밀스 이론과 질량 간극 가설, 나비에–스토크스 방정식은 물리학의 난문제로도 꼽히기 때문이다.

이들 문제에 대해 수학자 중 누군가가 해법을 제시하면 약 2년간의 검증과정을 거치고, 동료 수학자들의 검증을 통하여 해법에 별다른 문제가 발견되지 않으면 상금을 받을 수 있다. 아티야 박사의 경우처럼 그동안 이들 중 하나를 증명했다는 주장은 심심찮게 나왔지만, 대부분 실수나 해프닝으로 밝혀졌다. 아티야 박사의 해프닝 직후인 2020년에도 한국인 수학자가 리만 가설을 증명했다는 언론보도가 나왔지만, 역시 일방적 주장을 무분별하게 보도한 오보에 불과했다. 더구나 그 수학자는 2004년 무렵에도 7대 문제 중의 하나인 P 대 NP 문제를 해결했다고 주장한 '양치기 수학자'였다.

또한 국내 원로 물리학자가 양-밀스 이론과 질량 간극 가설을 증명했다고 주장한 적 있지만, 마찬가지로 수학계에서 인정받지 못하였다.

즉 해당 물리학자는 이 문제에 관한 논문을 써서 저명 물리학 저널에 게재한 후 클레이 재단의 검증 통과를 자신하였다. 그러나 수학계에서는 "공리적인 기초를 제시해야 한다는 문제의 핵심 요구사항이 전혀 반영되지 않았다"고 일축하면서, 물리학으로는 의미 있는 논문일지 모르지만 수학적 가치는 없다고 반박하였다. 양-밀스 이론과 질량 간극 가설처럼 물리학과 수학의 양면에 걸쳐 있는 문제의 경우, 수학자 또는 물리학자가 풀어야 할 범위와 한계는 어디까지인지 논란이 되면서 양쪽의 시각 차이를 드러냈다고 볼 수도 있다.

앞의 난문제 중에서 현재 푸앵카레 추측만이 증명되었다. 지난 2002년 러시아의 수학자 페렐만(Grigori Perelman, 1966-)이 그 해법을 제시하고 동료 수학자들의 검증을 통해 인정되었다. 그런데 그는 시골에 은둔하여 곤궁하게 살던 처지였음에도 100만 달러 상금과 필즈 메달을 거부하여 화제가 되었다.

30세를 갓 넘긴 젊은 나이에 노벨물리학상을 받은 디랙

노벨 과학상 수상 비결은 장수?

노벨상에 대한 과도한 집착은 경계해야겠지만, 그 수상이 유의미한 지표가 되는 경우가 적지 않다. 특히 과학 분야 노벨상 역대 수상자들의 면면을 살펴보면, 과거와 현재에 걸쳐 이루어진 변화에서 여러 흥미로운 결론을 유추할 수 있다. 그중 하나가 노벨 과학상 수상자들의 연령이다.

노벨상이 제도화된 지 얼마 안 된 지난 20세기 전반기에는 30, 40대 젊은 나이에 노벨상을 받은 과학자들이 적지 않았다. 즉 양자역학을 정립한 공헌으로 1932년도와 1933년도 노벨물리학상을 각각 받은 하이젠베르크(Werner Karl Heisenberg, 1901-1976)와 디랙(Paul Adrien Maurice Dirac, 1902-1984)

은 당시 30세를 갓 넘긴 젊은이였다. 오늘날의 생명과학 기술 시대를 연 장본인 중 하나인 제임스 왓슨(James Watson, 1928-)은 25세에 DNA 이중나선 구조 발견이라는 대업적을 남겨 30대인 1962년에 노벨생리의학상을 공동 수상하였다.

이들 외에도 과학 교과서에 소개되는 저명 과학자들 상당수가 40대 이하 젊은 나이에 노벨상을 수상하였다. 상당히 흥미로운 점은 노벨물리학상 수상자에서 이런 경향이 두드러진다는 점인데, 정확한 통계를 내보지는 않았지만 노벨화학상이나 노벨생리의학상은 물리학상에 비해 수상자의 연령이 비교적 높다.

즉 이론과 실험의 다양한 분야에 걸쳐 숱한 업적을 낸 페르미(Enrico Fermi, 1901-1954), 물질파 이론을 정립한 드브로이(Louis Victor Pierre Raymond de Broglie, 1892-1987), 남편과 함께 노벨상을 받은 퀴리 부인(Marie Curie, 1867-1934)도 30대에 노벨물리학상을 받았다. 아버지와 함께 1915년도 노벨물리학상을 수상한 로렌스 브래그(William Lawrence Bragg, 1890-1971)는 당시 25세로 과학 분야 노벨상 수상자로는 최연소 기록을 세웠다.

이들보다 다소 늦은 연령대이지만 20세기 최고 물리학자 아인슈타인(Albert Einstein, 1879-1955), 파동방정식으로 양자역학에 기여한 슈뢰딩거(Erwin Schrödinger, 1887-1961), 파울리 배타원리로 유명한 파울리(Wolfgang Ernst Pauli, 1900-1958), 중성자를 발견한 채드윅(James Chadwick, 1891-1974)도 40대의 비교적 젊은 나이에 노벨물리학상 수상자 대열에 합류하였다.

반면에 교과서에 나올 만한 저명한 과학자 중에서 30대에 노벨화학상을 수상한 인물로는 러더퍼드(Ernest Rutherford, 1871-1937)와 이렌 퀴리(Irène Joliot-Curie, 1897-1956)가 떠오른다. 더구나 이들은 원자핵과 방사선 관련 연구가 주요 업적이므로 물리학상을 받았어도 전혀 손색없는, 아니 도리어 물리학상이 더 어울린다고 볼 수도 있다.

20세기 전반기는 오늘날과 달리 과학의 여러 분야가 혁명적으로 급속히 발전하던 시기였기에 새파랗게 젊은 노벨상 수상자들의 배출이 가능하였다. 반면에 오늘날에는 노벨 과학상 수상자들의 연령대가 크게 높아졌고, 21세기 들어서 이런 경향은 더욱 두드러졌다. 물론 오늘날에도 비교적 젊은 나이에 노벨 과학상을 받은 이가 없지 않지만,

스승과 함께 받은 경우에 한정되곤 한다.

예를 들자면 2017년도 과학 분야 노벨상 수상자들은 당시 최소 60대 후반에서 80대 중반에 이르는 연령대였다. 특히 예전에 숱한 30대 노벨상 수상자를 배출했던 물리학 분야마저 고령층이 수상자의 주류를 이루었다. 즉 '아인슈타인이 예측한 이후 100년 만에 입증된' 중력파의 관측 공로로 2017년도 노벨물리학상을 받은 킵 손(Kip Thorne, 1940-), 라이너 바이스(Rainer Weiss, 1932-), 배리 배리시(Barry Barish, 1936-) 모두 70, 80대의 원로 물리학자들이었다.

레이저간섭 중력파관측장치 개발에 결정적 공헌을 해 당초 노벨물리학상 공동 수상이 유력시되었던 로널드 드레버(Ronald William Prest Drever, 1931-2017) 교수는 고령과 중증의 치매로 그해 3월에 세상을 떠나 결국 노벨상을 받지 못하였다. 노벨상은 생존자에게만 수여된다.

2018년도 노벨물리학상의 공동 수상자 중 한 명인 아서 애슈킨(Arthur Ashkin, 1922-2020)은 상을 받을 당시 96세로 역대 노벨상 수상자 전체를 통틀어 최고령이었다.

이처럼 금세기에 들어서 과학 분야 노벨상 수상자의 연령대가 높아진 이유는 무엇일까? 바로 과학의 성격과 내용이 상당히 변화했기 때문이라고 보는 것이 타당하다. 근래에도 물론 젊은 나이에 업적을 내는 과학자들이 없지 않으나, 그것이 확실하게 입증되고 인정받는 데는 무척 오랜 시일이 걸리는 경우가 많다.

저명한 과학사학자 쿤(Thomas S. Kuhn, 1922-1996)의 용어를 빌린다면, 이제 지난 세기와 같은 '과학혁명(Scientific revolution)'의 시대는 가고 수수께끼 풀이식의 '정상과학(Normal science)'의 시대가 왔기 때문일지 모른다. 그렇다면 업적이 누적된 원로 과학자들이 당연히 노벨상 수상에 유리할 수밖에 없다.

그러면 과거와 같은 20, 30대 노벨 과학상 수상자는 보기 힘들어질까? 과학기술의 발전에는 항상 의외성이 따르므로 단정할 수 없겠지만, 그런 경향은 지속될 것 같다.

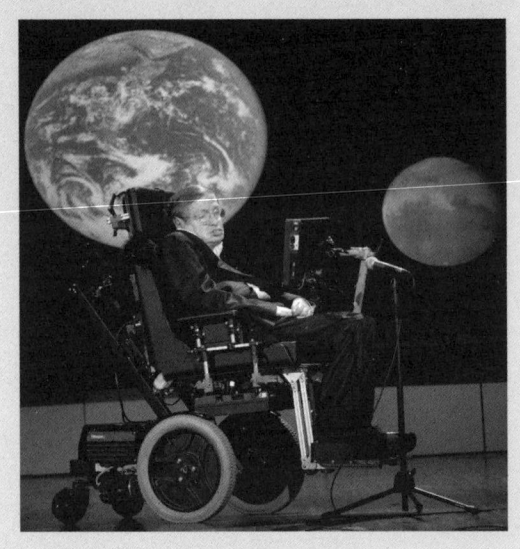

생전에 끝내 노벨물리학상을 받지 못했던 스티븐 호킹

호킹이 노벨상을
끝내 못 받은 이유는?

스티븐 호킹(Stephen William Hawking, 1942-2018) 박사가 생존해 있을 적에 물리학에 나름 관심 있는 지인들이 내게 묻는 질문 중 하나가 "호킹 박사가 노벨물리학상을 받았느냐?"는 것이었다. 받지 못했다고 답해주면, 그처럼 저명한 물리학자가 그때까지 노벨상을 못 받았다니 의아하다는 표정을 지었다. 그러면 나는 "아인슈타인(Albert Einstein, 1879-1955)도 그 유명한 상대성이론으로는 노벨물리학상을 받지 못하였다"고 덧붙이곤 하였다.

아인슈타인의 상대성이론은 대중에게 널리 알려진 반면, 오해되는 부분도 적지 않다. 상대성이론 자체에 대한 오해는 아니지만, 이와 관련해서 대중이 지니는 커다란 오해 중 하나가 '아인슈타인이 상대성이론이라는 공적으로 노벨물리학상을 받았다'고 알고 있는 점이다.

그러나 아인슈타인은 상대성이론으로 노벨상을 받은 적이 없다. 그가 노벨상을 받은 공적은 광양자설이다. 광양자설 또는 광양자이론(光量子理論, Light quantum theory)이란, 빛이 진동수에 비례하는 에너지를 갖는 입자인 광자(Photon)로 이루어졌다고 설명하는 이론으로, 1905년에 아인슈타인이 발표한 논문에서 제시되었다.

이 해에 아인슈타인은 광양자설뿐 아니라 특수상대성이론, 브라운 운동의 해석까지 물리학 사상 획기적인 업적이라 평가될 만한 중요한 논문을 3편이나 발표하였다. 이른바 '기적의 해(Annus mirabilis)'라고 불린다.

광양자설은 광전효과의 해석, 즉 금속 등 물질에 일정한 진동수 이상의 빛을 비추었을 때, 물질의 표면에서 전자가 튀어나오는 현상을 잘 설명해 실험으로 비교적 일찍 입증되었다. 반면에 새로운 시공간 개념을 제시하는 상대성이론은 실험으로 입증하기가 워낙 어렵고, 물리학자들에게 받아들여지는 데도 오랜 시일이 걸렸다.

따라서 아인슈타인이 1921년도 노벨물리학상을 받을 당시 수상의 공적은 '광전효과의 연구 및 이와 관련된 이론물리학에 기여한 업적', 즉 광양자이론임이 명시되어 있고, 상대성이론은 포함되어 있지 않았다.

물론 그의 업적 중 광양자이론은 별로 중요하지 않다는 의미가 결코 아니다. 이 역시 획기적인 업적이며, 그가 이를 통하여 원리를 명확히 밝힌 광전효과는 오늘날에 디지털카메라, 태양전지 등 여러 분야에 이용된다. 디지털카메라, 비디오 기기에 널리 쓰이는 CCD(Charge Coupled Device, 전하결합소자)를 개발한 과학자들은 2009년도 노벨물리학상을 공동으로 수상했다.

그러나 상대성이론은 뉴턴(Isaac Newton, 1642-1727) 이후 수백 년간 유지되어온 고전적인 시공간 개념 및 물리학의 패러다임을 완전히 바꾸어놓은 혁명적 이론임에도 불구하고 노벨물리학상을 받지 못한 것은 씁쓸하고 아이러니한 일이 아닐 수 없다.

그 이유 중 하나로 당시 노벨상 수상자 선정위원회의 보수성이 거론되지만, 이론물리학으로 노벨상을 수상하기가 쉽지 않다는 점을 시사하기도 한다. 이를 뒷받침하는 사례,

즉 노벨상 수상 대열에서 이론물리학자들이 고전을 면치 못했던 경우는 여러 차례 있다. 이론물리학 중에서도 자연과 우주의 근본 및 궁극적 법칙을 밝히려는 이론입자물리학 분야에서 두드러진다.

플랑크(Max Karl Ernst Ludwig Planck, 1858-1947)는 에너지의 양자화를 설명하는 보편상수 h, 즉 플랑크 상수를 도입하여 양자역학의 길을 연 인물이다. 이후 하이젠베르크(Werner Heisenberg, 1901-1976)를 비롯한 여러 물리학자가 체계화시킨 양자역학은 상대성이론만큼이나 획기적인 물리학 이론으로서, 20세기 초반 현대물리학의 혁명 시기에 중추적 역할을 하였다.

그러나 플랑크 역시 노벨물리학상을 받기가 쉽지 않았다. 거의 매년 '만년 후보'에 오르다가 1918년에야 노벨상 수상자 대열에 합류할 수 있었다. 나이 60이 되어서야 노벨상을 받은 셈인데, 오늘날과 달리 그 무렵에는 30대에 노벨상을 받은 과학자들이 적지 않았다는 사실을 감안한다면, 그는 많이 늦은 편이다.

인도 출신의 물리학자인 보스(Satyendra Nath Bose, 1894-1974)는 물리학 이론에서 '보스-아인슈타인 통계(Bose-Einstein statistics)'로 유명하며, '인도의 아인슈타인'으로 불린다. 이 통계 이론에 부합하는 소립자를 그의 이름을 따서 '보손(Boson)'이라 부를 정도이니, 그 역시 오늘날에도 물리학 교과서에 나오는 중요한 업적을 남긴 것이다.

그러나 그는 노벨물리학상을 받은 적이 없다. 제3세계 국가였던 인도 출신이라는 점이 불리하게 작용하지 않았을까 추측해볼 수도 있지만, 같은 인도 출신 물리학자였던 라만(Chandrasekhara Venkata Raman, 1888-1970)이 광학에서 '라만 산란 효과의 발견'이라는 실험적 업적으로 1930년도 노벨물리학상을 받은 것과는 대조적이다. 이 역시 노벨상 수상에 있어서 이론물리학자보다 실험물리학자가 더 유리하다는 점을 암시한 경우라 할 수 있다.

앞의 글에서도 언급한 영국의 이론입자물리학자 피터 힉스(Peter Higgs, 1929-2024)는 1964년에 '힉스(Higgs)입자'의 존재를 예측한 공로로 벨기에의 프랑수아 앙글레르(François Englert, 1932-)와 2013년도 노벨물리학상을 수상하였다. 그의 이론이 나온 지 무려 50년 가까이 지나서, 80세를 훌쩍 넘긴 나이에 노벨물리학상 수상자 대열에 합류했다. 힉스 입자는 그동안 명확히 증명되지 않은 가설로만 존재해왔기 때문에 역시 노벨상 심사위원회의 인정을 받을 수 없었던 것이다. 2012년에 유럽입자물리연구소(CERN)가 거대강입자가속기(Large Hadron Collinger, LHC)를 통한 실험 끝에 힉스입자의 존재를 입증하지 못했다면, 그는 노벨상을 받지 못하고 사망했을 가능성이 크다.

'휠체어 위의 물리학자'로 유명했던 스티븐 호킹은 당대 최고의 이론물리학자로 꼽혔지만, 역시 끝내 노벨물리학상을 받지 못하고 2018년에 세상을 떠났다. 그는 영국의 숱한 위인들이 묻힌 웨스트민스터 사원에 대선배 격인 뉴턴과 함께 영면하게 되었다. 호킹이 세상을 떠난 3월 14일은 공교롭게도 아인슈타인의 생일이기도 하다. 또한 호킹이 태어난 1942년은 갈릴레이(Galileo Galilei, 1564-1642)가 사망하고 뉴턴이 태어난 지 정확히 300년이 되던 해이다. 물리학 대가들의 탄생과 사망과 관련된 공교로운 인연들이 이어졌던 셈이다.

물론 호킹의 대중적 명성에 비해 구체적 업적에 대해서는 논란의 여지가 있지만, 그를 뉴턴, 아인슈타인에 비견할 만한 비범한 능력을 지녔던 물리학자로 보는 이들도 적지 않다. 또한 우주론에 관한 호킹의 주장은 분명 획기적이었다.

그러나 그의 혁명적 이론 역시 실험으로 검증하기가 어려웠거니와 설령 입증된다 해도 상당한 시간이 필요했다. 유사하게 블랙홀과 우주론을 연구했던 이론물리학자 로저 펜로즈(Roger Penrose, 1931-)가 뒤늦게 업적을 인정받아, 호킹 사후인 2020년에 노벨물리학상을 받은 것을 생각하면 상당한 아쉬움이 남기도 한다.

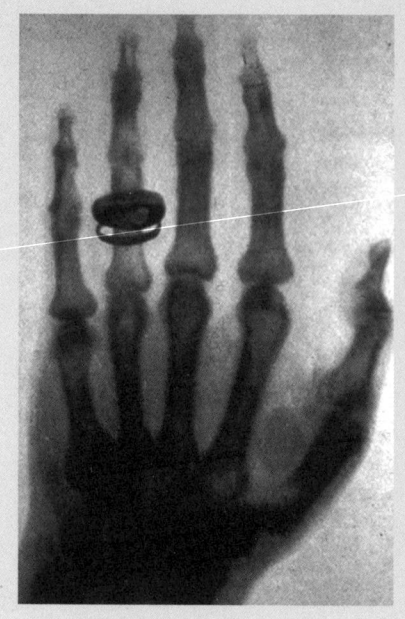

뢴트겐이 사람의 손을 찍은 초기의 X선 사진

카피레프트의 선구자
뢴트겐

꽤 오래전에 "나는 공짜가 좋다"라는 광고 문구가 인기를 끌었다. 오늘날과 같은 디지털과 인터넷의 시대에 빈번히 사용되는 용어의 하나이자, 해결 또는 합의를 이루어야 할 중요한 문제의 하나로서 카피레프트(Copyleft), 즉 지적재산권의 공유 문제가 있다. 카피레프트라는 용어는 저작권, 지적재산권을 의미하는 '카피라이트(Copyright)'에 반대한다는 의미로 만들어진 신조어이다.

미국 MIT의 컴퓨터과학자 리처드 스톨먼(Richard Stallman, 1953-)이 컴퓨터 프로그램의 공유와 자유로운 복제, 사용을 통한 정보화 사회의 발전을 도모하는 자유 소프트웨어 재단(Free Software Foundation)을 설립하면서, 1984년 무렵부터 쓰기 시작한 것으로 알려져 있다.

또한 1990년대 초반에 핀란드 헬싱키대학의 리누스 토르발스(Linus Torvalds, 1969-)가 유닉스(Unix)를 기반으로 공개용 오퍼레이팅 시스템인 리눅스(Linux)를 개발한 이후, 귀여운 펭귄을 마스코트로 삼은 공개운영체계 리눅스는 카피레프트 운동의 상징이 되어왔다.

그런데 X선의 발견자인 독일의 물리학자 뢴트겐(Wilhelm Conrad Röntgen, 1845-1923)이야말로 카피레프트 정신의 선구자라 할 만하다. 그 후로도 뢴트겐과 같은 생각을 가진 이들이 종종 나타났다.

뢴트겐은 1895년 11월 8일부터 크룩스관을 이용하여 음극선 실험을 하던 중, 검은 종이를 꿰뚫는 신비한 광선을 우연히 발견하였다. 이 광선의 성질을 계속 연구하던 그는 12월 22일에 광선을 이용하여 아내의 손뼈를 찍는 데 성공하였다. 뢴트겐은 미지의 새로운 광선을 X선이라 이름 짓고 곧 연구 결과를 보고했는데, 이는 물리학회, 의학회뿐만 아니라 세계 각국의 언론에서도 대단한 반향을 불러일으켰다.

뢴트겐은 노벨물리학상의 첫 번째 수상자가 되었고, X선의 발견은 다른 과학 분야의 발전에도 크게 기여하였다. 즉 방사선의 발견에도 X선이 계기가 되었고, 원자가 규칙적으로 배열된 결정에 X선을 쪼여서 구조를 알아내는 X선 결정학이라는 새로운 과학 분야가 생겨났으며, 이후에는 분자생물학의 발전에도 크게 공헌하였다.

그런데 X선이 한창 각광받던 어느 날, 독일의 가장 큰 전기회사 대표가 뢴트겐을 방문한 적이 있다. 그는 돈은 얼마든지 줄 터이니 X선의 특허권을 자신의 회사로 양도해 달라고 청탁하였다. 뢴트겐이 틀림없이 X선 발생장치를 이미 특허로 출원했을 것이라고 짐작하고, X선 특허권을 양도받아 큰돈을 벌 생각이었다. 그러나 뢴트겐은 고개를 저으며 단호하게 말하였다.

"X선을 특허로 낸다니 그게 무슨 뜻인가? X선을 혼자서 독차지하겠다는 말인가? X선은 내가 발명한 것이 아니라, 원래부터 있던 것을 내가 발견한 것에 지나지 않는다. X선은 온 인류의 것이 되어야 마땅하다." 그리고 뢴트겐은 자신이 고안한 X선 발생장치는 누구나 이용할 수 있으며, 많은 사람이 개량에 힘써서 더욱 성능 좋은 X선 장치가 나오기를 바란다고 덧붙였다.

뢴트겐의 말처럼 X선 자체는 애초부터 이미 존재하던 것이므로 그 발견 자체가 특허가 되기는 어렵겠지만, 그가 고안한 X선 발생장치나 이용 방법은 충분히 특허를 받을 수 있었다. 그 권리를 독점했다면 뢴트겐은 갑부가 되고도 남았을 것이다.

뢴트겐이 현대적인 카피레프트 이념을 지녔던 것인지, 과학자가 돈벌이에 골몰하는 것은 바람직하지 않다는 '선비정신'에 따른 것인지 확언하기 어렵지만, 이후로도 뢴트겐과 비슷한 생각을 지닌 과학기술자들이 자주 등장했다. 퀴리 부인, 즉 마리 퀴리(Marie Curie, 1867-1934) 역시 방사성 원소의 분리 및 이용에 관해 특허를 받았다면 거뜬히 백만장자가 되었을 것이다.

또한 오늘날 전 세계를 하나로 이어주는 인터넷의 월드와이드웹(WWW)은 영국의 컴퓨터과학자 팀 버너스 리(Tim Berners-Lee, 1955-)가 유럽입자물리연구소(CERN) 재직 시절에 발명하여 공개하였다. 그 역시 이를 특허로 냈다면 큰돈을 벌 수 있었겠지만, 그랬다면 인터넷의 대중화는 훨씬 지체되었을 것이다.

1999년 당시 아일랜드의 여고생이던 사라 플래너리(Sarah Flannery, 1982-)는 기존의 전자우편 보안체계보다 30배 빠른 새로운 암호체계를 발견하여 화제를 모았다. 행렬수학을 이용한 이 새로운 암호체계는 케일리-퍼서 알고리즘(Cayley-Purser algorithm)이라 이름 붙여졌고, 그녀는 이를 통하여 청소년 과학자대회에서 우승하면서 세계적인 주목을 받았다.

세계 굴지의 컴퓨터업체들이 몰려들어 취업과 특허권 사용을 제의하였으나, 당시 16세의 이 소녀는 "내 발명품은 기본적으로 수학이다. 수학을 특허로 하는 것은 과학을 발전시키는 데 도움이 안 된다"고 어른스럽게 말하면서 그들의 제의를 거절했다고 한다.

물론 수학이나 수식 자체는 특허 대상이 되지 않으나, 수식을 이용한 알고리즘이나 암호체계는 특허를 어떤 방식으로 출원하느냐에 따라 얼마든지 특허권을 획득할 수 있다. 여고생 플래너리의 당찬 생각은 X선 특허를 포기한 뢴트겐을 떠올리게 한다.

세계 전기자동차 업체의 선두주자이자 대표적인 혁신기업으로 유명한 미국의 테슬라모터스는 지난 2014년 6월, 자사 보유의 전기차 관련 특허를 모두 무료로 공개하겠다고 발표하여 다시 한번 세상을 놀라게 했다. 다른 전기차 업체가 테슬라의 특허 기술을 마음대로 가져다 사용하거나, 이를 통하여 테슬라 전기차와 유사한 제품을 만들어도 절대 소송을 걸지 않겠다는 것이다.

물론 그렇다고 테슬라모터스의 CEO 일론 머스크(Elon Musk, 1971-)가 순수한 카피레프트 이념이나 뢴트겐과 같은 사고로 특허를 공개했다고 보기는 어렵다. 그보다는 전기자동차가 미국 전체 자동차 시장에서 극히 적은 시장점유율을 차지하고 있었던 당시 현실에서, 기술의 독점보다는 공개를 통하여 전체 전기자동차 시장의 규모를 키우는 것이 결국 자기네 회사에도 도움이 된다고 본 사업가적 판단일 것이다.

사람의 유전자에 특허를 부여할 수 있는가 하는 문제는 오래전부터 논란이 되어왔으나, 세계 각국의 특허청은 유용성이 입증된 인간 유전자는 특허를 부여해야 마땅하다는 입장을 보였고, 이에 따라 이미 엄청난 수의 인간 유전자 특허가 등록되었다. 그러나 2013년에 미국 연방대법원은 자연 상태로 존재하는 인간 유전자 특허 일부에 특허 무효 판결을 내림으로써, 특허로 등록할 수 있는 대상은 어디까지인가 하는 문제를 상기시켰다.

사건의 발단은 미리어드(Myriad)라는 생명공학 기업이 1990년대 초반에 유방암과 난소암 발병에 영향을 끼치는 브라카1(BRCA1)과 브라카2(BRCA2)로 불리는 돌연변이 유전자 2개의 정확한 위치와 배열을 발견해 특허권을 취득한 데서 시작되었다. 이를 통하여 환자의 암 발병 가능성을 진단하는 고가의 의료상품을 독점 판매해온 해당 기업에, 2009년 미국 시민자유연맹(American Civil Liberties Union, ACLU)이 환자, 의료단체를 대표해 특허 무효 소송을 내었다.

1심과 2심의 판결이 엇갈렸으나, 연방대법원은 "자연적으로 발생한 유전자는 자연의 산물이며, 그것을 단순히 분리해냈다는 이유로 특허의 대상이 될 수는 없다"고 판결하였다. 물론 모든 인간 유전자 특허가 무효라는 의미는 아니며, 인위적 합성 유전자는 특허 대상이 된다고 밝혔다. 그러나 이는 중요한 판례가 되어 생명과학기술 분야에 커다란 파장을 몰고 왔고, '자연에 이미 존재하는 것으로 특허를 받을 수는 없다'던 뢴트겐의 이상이 다시 빛을 발한 것으로 보였다.

최초의 암호화폐인 비트코인 창시자의 정체는 익명에

가려져 있으나, 이들 역시 관련 기술을 특허로 취득하지 않고 오픈소스로 공개하였다. 이후 암호화폐가 대중의 폭발적 관심을 끄는 데 성공했고, 등락을 거듭했지만 비트코인 가격은 처음에 비해 크게 올랐다. 카피레프트를 통하여 특허료보다 거액을 챙길 수 있었던 역설적 상황이 전개된 것이다.

비슷한 일은 여전히 반복되고 있다. 챗GPT 열풍을 불러온 오픈AI 역시 이름에서 나타나듯이 연구 성과와 데이터, 소스 코드 등을 대부분 공개하였다. 연구자들의 이러한 태도에 힘입어, 근래에 거대언어모델(Large Language Model, LLM)을 포함한 인공지능 분야가 빠르게 성장하면서 대중의 폭발적 관심을 불러일으킬 수 있었을 것이다.

다만 카피레프트를 그저 공짜로만 생각한다면 그 본질을 훼손할 우려가 있다. 즉 카피레프트를 타인의 지적재산을 인정하지 않거나 침해해도 좋다는 식으로 오해하는 태도는 매우 경계해야 할 것이다. 창작자와 개발자의 권익을 무시하고 의욕을 떨어뜨린다면 당연히 관련 기술과 산업의 침체는 피할 수 없다.

오래전에 『새는 좌우의 날개로 난다』라는 책을 인상 깊게 읽었다. 사회의 안정과 발전을 위해서는 사고의 균형이 중요하다는 점을 강조한 것이다. 카피레프트이건 카피라이트이건 이 또한 어느 한쪽에만 너무 치우친다면 바람직하지 않을 것이다. 즉 새로운 과학기술의 등장과 관련해 공개 및 교류를 통한 발전과 창작자의 이익 보호라는 두 축이 균형과 조화를 이룰 수 있는 방향을 늘 염두에 두어야 한다.

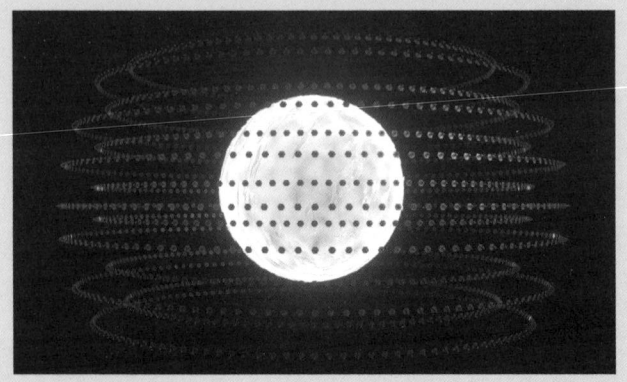

다이슨이 창안했던 태양을 둘러싸는 거대한 다이슨 구(Dyson sphere)
ⓒ LoveEmployee

프리먼 다이슨, 조지 가모프, 스티븐 호킹의 공통점은?

2020년 2월 28일, 물리학계의 세계적 거장이던 프리먼 다이슨(Freeman Dyson, 1923-2020)이 세상을 떠났다. 향년 96세 나이로 타계한 그는 영국 출신의 물리학자이자 수학자로서 여러 과학 분야에서 업적을 남겼지만, 다채로운 이력과 활동으로도 잘 알려져 있다. 즉 다이슨은 과학기술의 발전 및 미래 사회에 대한 통찰을 주제로 한 수많은 과학도서를 저술했고, 강연활동을 통하여 과학의 대중화에도 크게 기여하였다.

1923년 영국 버크셔에서 출생한 그는 윈체스터 칼리지와 케임브리지대학에서 수학을 공부하였고, 제2차 세계대전 중 영국 공군에서 분석 업무를 수행하였다. 전쟁 후 1947년 미국 코넬대학 대학원에 진학하여 물리학을 연구하였으나, 박사학위를 받지는 못했다.

다이슨의 대표적 업적으로는 수학을 통하여 양자장론의 이론적 기반을 닦은 것을 들 수 있다. 즉 양자전기역학이 발전하던 무렵에 이를 기술하는 두 가지 다른 방법이 있었는데, 리처드 파인만(Richard Phillips Feynman, 1918-1988)이 발전시킨 다이어그램을 이용한 경로적분과, 줄리안 슈윙거(Julian Seymour Schwinger, 1918-1994)와 도모나가 신이치로(朝永振一郞, 1906-1979)가 제안한 연산자 계산 방법이다. 다이슨은 1949년에 이 두 가지가 결국 동일한 양자전기역학임을 증명하였고, 파인만 다이어그램으로 재규격화를 계산한 논문을 저술하였다.

양자전기역학을 발전시킨 공로로 파인만, 슈윙거, 도모나가 세 사람은 1965년 노벨물리학상을 공동 수상하였다. 다이슨의 업적 역시 노벨상감이라는 평가를 받았지만 상을 받지는 못하였다. 노벨 과학상을 4명까지 공동 수상할 수 있었다면, 그 역시 함께 1965년도 노벨물리학상을 받았을지 모른다.

다이슨은 이후 핵추진기를 통한 우주비행 계획인 '오리온 계획'에 참여하는가 하면, 원자력공학과 천체물리학, 고체물리학 등 다양한 분야에서 숱한 업적을 남겼다. 그의 명성이 대중적으로 널리 알려진 것은, 수많은 과학도서 집필을 통하여 대중에게 중요하고 인상적인 메시지를 남겼기 때문이다. 그는 『에로스에서 가이아까지』(1992), 『상상의 세계』(1997), 『태양, 게놈 그리고 인터넷』(1999) 등 숱한 저서를 통하여 과학기술과 미래에 대한 탁월한 성찰과 아울러 인류 문명에 대한 반성과 경고를 하기도 하였다.

또한 그는 과감하고도 기발한 SF적 상상력을 펼치기도 했는데, 이른바 다이슨 구(Dyson sphere)가 대표적이다. 다이슨은 과학기술이 크게 진보한 우주의 어떤 문명 세계라면, 자신들이 거주하는 항성계의 태양을 완전히 둘러싸서, 그 항성으로부터 나오는 복사 에너지를 모두 사용하고 일부는 외부에 적외선을 복사 방출할 수 있다는 주장을 한 바 있다. 이를 가능하게 하는 거대한 구조물을 다이슨 구라고 하는데, 이후 여러 SF에 영감과 모티브를 제공하였다.

다이슨은 숱한 과학기술의 업적과 높은 대중적 명성에도 끝내 노벨물리학상을 받지 못했다. 비슷한 인물로 조지

가모프(George Gamow, 1904-1968)를 꼽을 수 있다. 우크라이나 태생의 러시아 출신 물리학자로 빅뱅(Big bang) 이론을 창시한 인물로 잘 알려져 있다. 대중적 과학자로서도 명성이 매우 높았다. 최근 대중 과학계에서 이른바 '빅 히스토리(Big history)'가 주목을 받는데, 그중에서도 우주의 탄생과 진화를 밝히는 빅뱅 이론은 대단히 중요하다.

가모프는 빅뱅 이론을 창시하고 체계화하는 업적을 쌓았지만 노벨물리학상을 받지 못하였다. 빅뱅 이론은 그의 생전에 우주 탄생을 설명하는 유력한 가설 중 하나로 여겨졌을 뿐, 확실하게 증명할 근거가 없었다.

천체물리학자 펜지어스(Arno Allan Penzias, 1933-2024)와 전파천문학자 윌슨(Robert Woodrow Wilson, 1936-)은 빅뱅 이론을 설명할 수 있는 3K의 우주배경복사를 발견한 업적으로 1978년도 노벨물리학상을 공동 수상하였다. 그때까지 가모프가 살아 있었다면, 펜지어스, 윌슨과 함께 노벨물리학상을 받았을 가능성이 크다. 2019년도 노벨물리학상 공동 수상자인 피블스(James Peebles, 1935-)의 업적 역시 빅뱅 모델에 근거한 우주 진화를 설명한 것이었다.

가모프는 관심 분야를 물리학과 천문학에 한정하지 않

고 생물학 및 과학교육 등 다양한 영역으로 확장하여 여러 업적을 남겼다. 20권이 넘는 교양과학도서를 출판하여 과학의 대중화에도 크게 기여하였다.

2018년에 세상을 떠난 스티븐 호킹(Stephen William Hawking, 1942-2018)도 숱한 과학적 업적과 높은 대중적 명성을 겸비했던 슈퍼스타 물리학자이다. 그는 뉴턴(Isaac Newton, 1642-1727)이나 아인슈타인(Albert Einstein, 1879-1955)에 필적할 만한 반열에 오르고도 노벨상을 받지 못하였다. 수많은 대중과학도서와 강연을 통하여 과학기술 대중화에 크게 기여한 점 역시 다이슨, 가모프와 비슷하다. 대중적 공헌을 많이 한 과학자에게도 노벨 과학상을 수여하면 어떨까 싶기도 하다.

1969년에 스웨덴 총리가 영상전화로 TV쇼 진행자와 통화하는 모습

시장에서 실패한 IT 기술들

과학기술의 발전에는 수많은 요소가 작용하기 때문에, 어느 기술이 시장에서 성공할지는 예측하기 어렵다. 즉 처음에는 주목받지 않던 기술이 나중에 각광받는가 하면, 대단한 기대와 관심을 모았던 기술이 정작 시장에서 허무하게 실패하는 경우가 적지 않다. 특히 정보통신(IT) 분야에서는 이러한 예측이 더욱 어려운데, 예상과 달리 시장에서 성공하지 못한 대표적인 예로 종합정보통신망(ISDN)과 영상전화를 들 수 있다.

ISDN(Integrated Services Digital Network, 종합정보통신망)이란 디지털 통신망을 이용하여 음성·문자·영상의 통신을 종합적으로 할 수 있도록 계획되었던 통신 서비스이다. 원래 ISDN의 구상은 1980년 11월 국제전신전화자문위원회(CCITT) 총회에서 발표되었으며, 미래 고도정보화사회의 기반을 이루는 통신망으로서 기대를 모았고 우리나라를 비롯한 세계 각국에서 개발되고 시범 서비스된 바 있다.

ISDN은 위성통신, 광섬유 등 대용량 통신 기술과 디지털 전송 기술을 이용한 통신망으로서, 하나의 통신선으로 전화, 팩시밀리. 컴퓨터통신, 고화질텔레비전, 유선방송, 영상회의 등 온갖 영상과 통신 서비스를 동시에 가능하게 하는 꿈의 통신망으로 불렸다. 1990년대에 국내 전기전자 기업에서 연구원으로 근무했던 나로서도 당시 옆 연구실에서 ISDN용 팩시밀리를 개발했던 기억이 난다.

ISDN은 기존 전화망에 비해 다양한 통신 서비스를 고속, 고품질로 제공받을 수 있고, 단말기 장치에 쉽게 추가할 수 있으며 2개 이상의 단말기 장치를 제어할 수 있으므로 복수 통신이 가능하였다. KT(한국통신)에서는 1993년 7월부터 상용화하였으며, 2000년대가 되면 ISDN이 기본 통신망이 될 것으로 예상한 사람들이 대부분이었다.

그러나 정작 인터넷 대중화 시대가 열리면서, ISDN은

ADSL 등 다른 초고속 인터넷망에 밀려났다. 별도의 통신선을 구축해야 하므로 설치 비용이 비쌌고, 기술과 통신속도 면에서도 ADSL의 성능보다 뒤떨어졌다.

인터넷 대중화가 급속히 진전될 무렵, 국내 TV 광고에도 자주 등장했던 ADSL(Asymmetric Digital Subscriber Line, 비대칭 디지털 가입자 회선)은 기존 전화선을 이용하여 컴퓨터가 데이터 통신을 할 수 있게 하는 통신수단이다. 즉 별도 회선을 설치하지 않고도 일반 전화통신과 데이터통신을 모두 처리할 수 있는 장점이 있고, 상하향의 통신 속도가 다른 '비대칭형 서비스'였기 때문에 훨씬 효율적이었다.

즉 전화국에서 사용자로의 하향 신호는 고속 데이터통신을 가능하게 한 반면, 사용자에서 전화국으로의 상향 신호는 훨씬 느리게 해도 별문제가 없다. 또한 ADSL은 음성통신은 낮은 주파수 대역을 이용하고 데이터통신은 높은 주파수 대역을 이용하기 때문에, 혼선이 일어나지 않고 통신 속도도 떨어지지 않는다. 반면에 ISDN에서는 전화와 데이터통신을 동시에 사용하면 데이터통신 속도가 절반으로 떨어진다. 결국 2000년대 이후 ISDN은 시장에서 완전히 밀려 자취를 감추었고, 전직 정보통신부 장관 한 분은

ISDN을 '사기극'이라고 비유한 적도 있다.

영상전화 역시 예전의 기대가 철저히 빗나간 제품 중 하나이다. 상대방 얼굴을 보면서 통화하는 영상전화는 스탠리 큐브릭 감독의 1968년작 SF 영화 〈2001 스페이스 오디세이〉에 처음 등장하여 많은 사람에게 깊은 인상을 남겼다.

그런데 벨 전화회사의 후신으로서 미국의 대표적 통신업체인 AT&T(American Telephone & Telegraph)는 이보다 앞선 1964년 뉴욕 세계박람회에서 영상전화를 출품하여 선보였다. 또한 1985년 무렵 영상전화 시장 규모를 50억 달러로 예상했던 AT&T뿐 아니라, 세계 굴지의 통신업체들은 낙관적인 전망을 내놓으며 지속적으로 제품을 생산하였다. 그러나 기대와 달리 1980, 1990년대를 넘어서 21세기가 되어서도 영상전화는 계속 시장에서 실패하였다.

국내 통신업체들 역시 제3세대 이동통신이 대중화될 무렵, 각종 요란한 CF를 선보이면서 차세대 이동전화의 영상통화 기능을 대대적으로 광고했으나, 예상보다 이용이 드물었고 심지어 자신의 휴대전화에 그런 기능이 있는지조차 모르는 사람이 적지 않았다. 세계적으로 연인끼리의 애정 표현이 유별난 이탈리아에서 그나마 영상통화가 가장 많이 이용된다는 얘기도 있다.

일반 대중이 영상통화를 잘 이용하지 않는 이유로서, 학자들은 '사람들이 전화를 사용하는 기본적인 이유'에 대한 철학적, 사회학적 측면의 분석을 강조하기도 한다. 즉 전화란 소통을 위해서 쓰지만, 적당한 거리를 두거나 소통을 단절하기 위하여 사용하는 경우도 적지 않으며, 따라서 영상전화는 '대면하지 않고 음성으로만 의사소통하기'라는 전화 사용의 기본 목적에 정면으로 어긋난다는 해석이다.

아무튼 어떤 기술이 시장에서 성공할지는 여전히 예측이 어려운 경우가 많은데, 미래 전망에 관심이 많은 엔지니어나 기업 경영자 혹은 일반 소비자도 이러한 기술의 의외성을 항상 염두에 두어야 할 것이다.

지금은 운항이 중단되어 퇴물 신세가 된 초음속 여객기 콩코드의 과거 모습
ⓒ Eduard Marmet / GNU Free Documentation License

초음속 여객기 콩코드는
왜 박물관 신세가 되었을까?

지금은 운행되지 않는 항공기로서 콩코드(Concorde)라 불리던 초음속 여객기가 있었다. 영국과 프랑스 양국 정부가 공동 개발하여 1976년에 처음 취항한 콩코드는 기존 여객기보다 2배 이상 빠른 속력으로, 8시간 정도 걸리던 뉴욕과 파리 사이를 3시간 만에 주파할 수 있었다. 다만 항공요금이 일반 여객기의 일등석보다 3배 이상으로 매우 비쌌고, 기체 폭이 좁아 좌석이 비좁고 쾌적하지 못했다. 시간에 쫓기는 사업가나 매우 부유한 사람들을 주요 고객으로 삼고 오랫동안 영업을 해왔다.

그러나 27년간 운항해왔던 초음속 여객기 콩코드는

2003년 10월 고별 비행을 끝으로 역사의 뒤편으로 물러났다. 콩코드기가 끝내 퇴장한 이유에 대해서는 과다한 연료 사용에 비해 탑승객이 적은 데 따른 경제성 문제, 소음 발생 등 환경문제, 2000년의 폭발사고 등 여러 가지가 거론된다.

특히 상당한 부유층이었을 승객들과 승무원 전원이 사망한 2000년 7월의 에어프랑스 소속 콩코드기 폭발사고는, 운항 재개 후 승객 감소에도 상당한 영향을 미쳤을 것이다. 이 사고는 상업용 비행선의 퇴출에 결정적 계기로 작용했던 과거 힌덴부르크(Hindenburg)호 폭발사고를 떠올리게 한다.

체펠린(Ferdinand Adolf Zeppelin, 1838-1917) 백작이 본격적으로 여객용 비행선을 개발한 이후, 독일의 129번째 체펠린식 비행선이던 힌덴부르크호는 대형 초호화비행선으로 인기를 끌었다. 그러나 1937년 5월 미국의 한 공항에서 착륙 중 큰 폭발사고를 일으켜 승객과 승무원, 지상요원 등 36명이 사망했다. 정확한 사고 원인은 아직도 밝혀지지 않았으나, 사고 당일의 악천후에 의한 뇌우, 또는 정전기 스파크로 선체의 수소 가스에 불이 붙어 폭발하였을 것으로 추정된다. 당시의 폭발 장면이 현장의 신문기자들에 의해 촬영, 보도되면서 세계적으로 큰 충격을 주었다.

이 사고 이후 독일에서 비행선의 제작과 이용이 금지되면서 여객용 비행선의 시대가 막을 내리고, 공중 운송 교통수단의 자리를 '비행기'에게 물려주었다. 그러나 힌덴부르크 폭발사고가 아니더라도, 비행선이 계속 하늘의 왕좌 자리를 유지하기는 어려웠을 것이다. 수소 가스로 인한 폭발, 즉 안전성이 문제였다면, 다소 비싸기는 하지만 안전한 헬륨 가스를 사용하면 해결되었을 문제이다.

결국 여객용 비행선이 퇴출된 것은 비행기와의 경쟁력이 근본적 문제였다. 비행기는 보다 작고 훨씬 빠르고 더 많은 승객을 태울 수 있는 등 여러 면에서 비행선을 압도한다. 탑승 가능한 승객 수에 비해 덩치가 너무 큰 비행선은 유지 보수도 쉽지 않았다.

폭발사고가 비행선의 퇴장을 앞당겼을지는 몰라도 근본적인 이유는 아닌 것이다. 1912년 4월에 발생한 초호화 여객선 타이타닉(Titanic)호 침몰사고 역시 1,500여 명의 승객과 승무원이 사망하여 큰 충격을 주었지만, 크루즈선 등 대형 호화 여객선들은 지금도 여전히 세계 곳곳의 바다를 누비고 있다.

마찬가지로 콩코드기 폭발사고 역시 콩코드기가 항공박물관에 전시되는 신세로 전락하는 데 상당한 영향을 미쳤지만 결정적이고 근본적인 이유로 보기는 어렵다. 가장 중요한 요인을 요즘 유행하는 단어 한마디로 말한다면 '가성비(價性比, Cost-effectiveness)'의 문제, 즉 지불하는 가격에 비해 효능과 만족도가 무척 낮았다는 점을 꼽을 수 있다. 항공요금은 일반석 기준으로 기존 여객기의 열 배 이상이면서 운항 시간은 절반 이하 정도로 단축한 상황이라면, 가성비를 별로 중시하지 않는 부유층 외에는 선뜻 이용하기 어려울 것이다. 더구나 일등석보다 몇 배 비싼 요금에도 불구하고 비좁은 기체에 몸을 구겨 넣는 불편을 감수해야 한다면, 가성비는 더 떨어진다.

물론 가성비 문제는 콩코드기가 퇴출될 무렵에야 갑자기 튀어나온 것은 아니고, 처음 취항했을 때부터 안고 있던 문제였을 것이다. 그런데 취항 후 27년간이나 운항을 지속하고서, 2003년에 들어서야 상업운항이 중단된 이유는 무엇일까?

언론인 출신으로 유럽의 대표적 미래학자이기도 한 독일의 마티아스 호르크스(Matthias Horx, 1955-)는 이에 대해 독특하면서도 흥미로운 답변을 내놓았다. 국내에도 번역되어 나온 그의 저서 『테크놀로지의 종말(Technolution: Wie unsere Zukunft sich entwickelt)』에서 '노트북컴퓨터의 출현'을 콩코드기 퇴장의 가장 큰 원인이라고 언급하였다.

얼핏 전혀 관련 없을 듯한 생뚱맞은 얘기로 들릴지 모르겠지만, 그의 설명을 듣고 보면 나름의 합리성과 설득력이 있어 보인다. 즉 '시간의 경제성'이라는 면에서 살펴본다면 콩코드기가 처음 등장한 1970년대에는 이로 인한 시간 절약의 효과가 매우 컸다는 것이다. 일분일초가 아쉬울 정도로 바쁜 사업가나 부자의 입장에서는, 비행 소요 시간을 반 이상 단축한다면 비싼 돈을 지불하고서라도 콩코드기를 탈 만한 가치가 충분했다.

그러나 노트북컴퓨터가 대중화되면서 비행기 안에서도 얼마든지 비즈니스 관련 일을 할 수 있게 되었으니, 시간 절약이라는 예전의 장점이 크게 퇴색되었다는 것이다. 아울러 초음속기가 아닌 기존 여객기들이 대형화되면서 일등석과 비즈니스석을 호화롭게 꾸미고 보다 쾌적한 여객 환경을 제공함으로써, 콩코드기와의 경쟁에서 더 우위에 섰다는 설명이다.

물론 노트북이 콩코드 시대를 끝냈다는 그의 주장이 정말 맞는지 입증하기는 쉽지 않다. 그러나 콩코드기 퇴장은 "발전된 과학기술을 적용하면 시장에서 다 성공할 수 있다"는 막연한 믿음이 잘못되었음을 증명하는 중요한 사례로, 오늘날에도 큰 교훈을 준다.

참고 문헌

국내서

- 갈릴레오 갈릴레이, 이무현 역, 『대화 – 천동설과 지동설, 두 체계에 관하여』, 사이언스북스, 2016.
- 갈릴레오 갈릴레이, 이무현 역, 『새로운 두 과학 – 고체의 강도와 낙하 법칙에 관하여』, 사이언스북스, 2016.
- 강양구, 『과학의 품격』, 사이언스북스, 2019.
- 고재현, 『빛의 핵심』, 사이언스북스, 2020.
- 김기덕, 『초전도체』, 김영사, 2024.
- 김명진, 『20세기 기술의 문화사』, 궁리, 2018.
- 김영식, 『과학혁명』, 1984, 민음사
- 김영식, 임경순, 『과학사신론』, 다산출판사, 1999.

- 김영식 편, 『역사 속의 과학』, 창작과비평사, 1982.
- 김영식 편, 『중국 전통문화와 과학』, 창작과비평사, 1986.
- 김영식 편, 『근대사회와 과학』, 창작과비평사, 1989.
- 김웅진, 『생물학 이야기』, 행성비, 2015.
- 김찬주, 『나의 시간은 너의 시간과 같지 않다』, 세로북스, 2023.
- 김학주, 『묵자, 그 생애·사상과 묵가』, 명문당, 2014.
- 김현철 『강력의 탄생』, 계단, 2021.
- 노벨 재단, 이광렬/이승철 역, 『당신에게 노벨상을 수여합니다: 노벨물리학상』, 바다출판사, 2024.
- 노벨 재단, 유영숙/권오승/한선규 역, 『당신에게 노벨상을 수여합니다: 노벨생리의학상』, 바다출판사, 2024.
- 노벨 재단, 우경자/이연희 역, 『당신에게 노벨상을 수여합니다: 노벨화학상』, 바다출판사, 2024.
- 니콜라스 비트코브스키, 스벤 오르톨리, 문선영 역, 『과학에 관한 작은 신화』, 에코리브르, 2009.
- 데이비드 보니더스, 김민희 역, 『$E = mc^2$』, 생각의나무, 2005.
- 도모나가 신이치로, 장석봉/유승을 역, 『물리학이란 무엇인가』, 사이언스북스, 2002.
- 드니 게즈, 문선영 역, 『앵무새의 정리1』, 끌리오, 1999.
- 드니 게즈, 문선영 역, 『앵무새의 정리2』, 끌리오, 1999.
- 드니 게즈, 문선영 역, 『앵무새의 정리3』, 끌리오, 1999.

- 레오 호우 외, 김동광 역, 『미래는 어떻게 오는가』, 민음사, 1996.
- 로이스톤 M. 로버츠, 안병태 역, 『우연과 행운의 과학적 발견이야기』, 국제, 1994.
- 로저 펜로즈 외, 김성원/최경희 역, 『우주 양자 마음』, 사이언스북스, 2002.
- 리처드 도킨스, 이용철 역, 『이기적인 유전자』, 두산동아, 1992.
- 리처드 도킨스, 과학세대 역, 『눈먼 시계공』, 민음사, 1994.
- 리처드 로즈, 문신행 역, 『원자폭탄 만들기1』, 사이언스북스, 2003.
- 리처드 로즈, 문신행 역, 『원자폭탄 만들기2』, 사이언스북스, 2003.
- 리처드 파인만, 김희봉 역, 『파인만 씨 농담도 잘하시네1』, 사이언스북스, 2000.
- 리처드 파인만, 김희봉 역, 『파인만 씨 농담도 잘하시네2』, 사이언스북스, 2000.
- 로빈 헤니그, 안인희 역, 『정원의 수도사』, 사이언스북스, 2006.
- 마가렛 체니, 이경복 역, 『니콜라 테슬라』, 양문, 2002.
- 문중양, 『우리역사 과학기행』, 동아시아, 2006.
- 문환구, 『발명, 노벨상으로 빛나다』, 지식의날개, 2021.
- 마티아스 호르크스, 배명자 역, 『테크놀로지의 종말』, 21세기북스, 2009.
- 민태기, 『판타레이』, 사이언스북스, 2021.
- 박익수, 『과학의 반사상』, 과학세기사, 1986.

- 박인규, 『사라진 중성미자를 찾아서』, 계단, 2022.
- 사이먼 싱, 박병철 역, 『페르마의 마지막 정리』, 영림카디널, 2003.
- 송희성, 『양자역학』, 교학연구사, 1984.
- 세스 슐만, 강성희 역, 『지상 최대의 과학 사기극』, 살림, 2009.
- 소련과학아카데미 편, 홍성욱 역, 『세계기술사』, 동지, 1990.
- 손제하, 이면우 역, 『선조들이 우리에게 물려 준 고대 하이테크 100가지』, 일빛, 1996.
- 송성수, 『기술의 프로메테우스』, 신원문화사, 2006.
- 송성수, 『사람의 역사, 기술의 역사』, 부산대학교출판부, 2011.
- 송성수, 『세상을 바꾼 발명과 혁신』, 북스힐, 2022.
- 쓰즈키 다쿠지, 김영수 역, 『맥스웰의 도깨비』, 전파과학사, 1979.
- 아서 밀러, 김희봉 역, 『천재성의 비밀』, 사이언스북스, 2001.
- 아이라 플래토, 황성현 역, 『작은 아이디어로 삶을 변화시킨 발명 이야기』, 고려원미디어, 1994.
- 아이작 뉴턴, 박병철 역, 『프린키피아』, 휴머니스트, 2023.
- 아이작 아시모프, 과학세대 역, 『아시모프 박사의 과학이야기』, 풀빛, 1991.
- 아포스톨로스 독시아디스, 정회성 역, 『골드바흐의 추측』, 생각의 나무, 2000.
- 야마모토 요시타카, 이영기 역, 『과학의 탄생』, 동아시아, 2005.
- 야마모토 요시타카, 김찬현/박철은 역, 『과학혁명과 세계관의 전

환1: 천문학의 부흥과 천지학의 제창』, 동아시아, 2019.
- 야마모토 요시타카, 박철은 역, 『과학혁명과 세계관의 전환2: 지동설의 제창과 상극적인 우주론들』, 동아시아, 2022.
- 야마모토 요시타카, 박철은 역, 『과학혁명과 세계관의 전환3: 세계의 일원화와 천문학의 개혁』, 동아시아, 2023.
- 오정근, 『중력파, 아인슈타인의 마지막 선물』, 동아시아, 2016.
- 오진곤, 『서양과학사』, 전파과학사, 1977.
- 윌리엄 브로드, 니콜라스 웨이드, 김동광 역, 『진실을 배반한 과학자들』, 미래M&B, 2007.
- 이강영, 『LHC, 현대물리학의 최전선』, 사이언스북스, 2011.
- 이상욱 외, 『욕망하는 테크놀로지』, 동아시아, 2009.
- 이언 스튜어트, 안재권 역, 『위대한 수학문제들』, 반니, 2013.
- 이언 스튜어트, 김지선 역, 『세계를 바꾼 17가지 방정식』, 사이언스북스, 2016.
- 이인식, 『지식의 대융합』, 고즈윈, 2008.
- 이인식 외, 『세계를 바꾼 20가지 공학기술』, 생각의나무, 2004.
- 이태규 편, 『이야기 수학사』, 백산출판사, 1996.
- 임경순, 『20세기 과학의 쟁점』, 민음사, 1995.
- 임경순, 『100년만에 다시 찾는 아인슈타인』, 사이언스북스, 1997.
- 임경순, 『21세기 과학의 쟁점』, 사이언스북스, 2000.
- 임경순, 『현대 물리학의 선구자』, 다산출판사, 2001.

- 장수하늘소, 『과학신문1 - 생물·지구과학』, 파라북스, 2006.
- 장수하늘소, 『과학신문2 - 물리·화학』, 파라북스, 2007.
- 장회익, 『과학과 메타과학』, 지식산업사, 1990.
- 제레미 리프킨, 전영택/전병기 역, 『바이오테크시대』, 민음사, 1999.
- 제임스 클리크, 박배식 역, 『카오스』, 동문사, 1993.
- 전상운, 『한국과학사』, 사이언스북스, 2000.
- 정세영, 박용섭 외, 『물질의 재발견』, 김영사, 2023.
- 조셉 니덤, 콜린 로넌 축약, 김영식/김재란 역, 『중국의 과학과 문명: 사상적 배경』, 까치, 1998.
- 조셉 니덤, 콜린 로넌 축약, 이면우 역, 『중국의 과학과 문명: 수학, 하늘과 땅의 과학, 물리학』, 까치, 2000.
- 조지 가모브, 김동광 역, 『조지 가모브』, 사이언스북스, 2000.
- 조지프 니덤 외, 이성규 역, 『조선의 서운관』, 살림출판사, 2010.
- 존 더비셔, 박병철 역, 『리만 가설』, 승산, 2006.
- 존 호건, 김동광 역, 『과학의 종말』, 까치, 1997.
- 최무영, 『최무영 교수의 물리학 강의』, 책갈피, 2019.
- 최성우, 『과학사X파일』, 사이언스북스, 1999.
- 최성우, 『상상은 미래를 부른다』, 사이언스북스, 2002.
- 최성우, 『과학은 어디로 가는가』, 이순, 2011.
- 최성우, 『대통령을 위한 과학기술, 시대를 통찰하는 안목을 위하여』, 지노, 2024.

- 칼 세이건, 홍승수 역,『코스모스』, 사이언스북스, 2006.
- 케이스 데블린, 전대호 역,『수학의 밀레니엄 문제들7』, 까치, 2004.
- 토머스 S. 쿤, 김명자/홍성욱 역,『과학혁명의 구조』, 까치, 2013.
- 퍼시 윌리엄스 브리지먼, 정병훈 역,『현대 물리학의 논리』, 아카넷, 2022.
- 프리먼 다이슨, 신중섭 역,『상상의 세계』, 사이언스북스, 2000.
- 프리먼 다이슨, 김희봉 역,『프리먼 다이슨, 20세기를 말하다』, 사이언스북스, 2009.
- 하이젠베르크, 김용준 역,『부분과 전체』, 지식산업사, 2005.
- 한겨레신문 문화부 편,『20세기 사람들 - 상』, 한겨레신문사, 1995.
- 한겨레신문 문화부 편,『20세기 사람들 - 하』, 한겨레신문사, 1995.
- 한정훈,『물질의 물리학』, 김영사, 2020.
- 홍성욱,『생산력과 문화로서의 과학기술』, 문학과지성사, 1999.
- 홍성욱,『과학은 얼마나』, 서울대학교 출판부, 2004.
- 홍성욱,『홍성욱의 STS, 과학을 경청하다』, 동아시아, 2016.
- 홍성욱,『실험실의 진화』, 김영사, 2020.
- 홍성욱, 이상욱 외,『뉴턴과 아인슈타인, 우리가 몰랐던 천재들의 창조성』, 창비, 2004.
- 吉藤幸朔, YOU ME 특허법률사무소 역,『특허법개설』, 대광서림, 1997.
- 中山茂, 이필렬/조홍섭 역,『과학과 사회의 현대사』, 풀빛, 1982.

- A. 리히터, 조한재 역, 『레오나르도 다빈치의 과학노트』, 서해문집, 1998.
- A. 섯클리프, A. P. D. 섯클리프, 박택규 역, 『과학사의 뒷얘기I - 화학』, 전파과학사, 1973.
- A. 섯클리프, A. P. D. 섯클리프, 정연태 역, 『과학사의 뒷얘기II - 물리학』, 전파과학사, 1973.
- A. 섯클리프, A. P. D. 섯클리프, 이병훈/박택규 역, 『과학사의 뒷얘기III - 생물학·의학』, 전파과학사, 1974.
- A. 섯클리프, A. P. D. 섯클리프, 신효선 역, 『과학사의 뒷얘기IV - 과학적 발견』, 전파과학사, 1974.
- E. H. 카아, 길현모 역, 『역사란 무엇인가』, 탐구당, 1982.
- G. 가모프, 박승재 역, 『중력: 고전적 및 현대적 관점』, 전파과학사, 1973.
- J. D. 왓슨, 하두봉 역, 『이중나선』, 전파과학사, 1999.
- KISTI 메일진, 『과학향기』, 2004, 북로드.

국외서

- Arthur I. Miller, 『Albert Einstein's Special Theory of Relativity』, Addison-Wesley, 1981.
- Bryan H. Bunch, Alexander Hellemans, 『The Timetables of

Technology』, Simon & Schuster, 1993.
- Carroll W. Pursell, 『Technology in America: A History of Individuals and Ideas』, MIT Press, 1981.
- David A. Hounshell, "Elisha Gray and the Telephone: On the Disadvantages of being an Expert", *Technology and Culture 16*, 1975.
- David Halliday, Robert Resnick, 『Fundamentals of Physics - Second Edition』, John Wiley & Sons, 1981.
- J. D. Bernal, 『Science in History』, MIT Press, 1971.
- John Reitz, Frederick Milford, Robert Christy, 『Fundamentals of Electromagnetic Theory - Third Edition』, Addison-Wesley, 1984.
- Keith R. Symon, 『Mechannics - Third Edition』, Addison-Wesley, 1978.
- Lance Day, Ian McNeil, 『Biographical Dictionary of the History of Technology』, Routledge, 1998.
- Loren R. Graham, 『Science and Philosophy in the Soviet Union』, Knopf, 1972.
- Matthew Josephson, 『Edison: A Biography』, McGraw-Hill, 1959.
- R. McCormmach, "H. A. Lorentz and the electromagnetic view of nature", *Isis 61*, 1970.
- Richard Feymann, Robert Leighton, Matthew Sands, 『Lectures on Physics - Mainly Electromagnetism and Matter』, Addison-Wesley, 1981.
- Richard Feymann, Robert Leighton, Matthew Sands, 『Lectures on

Physics - Quantum Mechannics』, Addison-Wesley, 1965.
- Samuel Smiles, Thomas Parke Hughes, 『Selections from Lives of the Engineers』, MIT Press, 1966.
- Stephen Gasiorowicz, 『Quantum Physics』, John Wiley & Sons, 1974.
- Stephen F. Mason, 『A History of the Sciences』, Macmillan General Reference, 1962.

웹사이트

- 변화를 꿈꾸는 과학기술인 네트워크(ESC) https://www.esckorea.org
- 사이언스타임즈 https://www.sciencetimes.co.kr
- 생물학정보연구센터(BRIC) https://www.ibric.org
- 한국과학기술인연합(SCIENG) http://www.scieng.net
- 한국과학창의재단 https://www.kofac.re.kr
- KISTI의 과학향기 https://scent.kisti.re.kr/
- Wikipedia https://en.wikipedia.org/wiki/